水彩建筑风景写生技法（第二版）

Artistry of Architectural Landscape Watercolor Painting from Nature (2nd Edition)

陈飞虎 著

中国建筑工业出版社

图书在版编目（CIP）数据

水彩建筑风景写生技法／陈飞虎著．－2版．—北京：
中国建筑工业出版社，2009（2021.9重印）
ISBN 978－7－112－09068－6

Ⅰ.水... Ⅱ.陈... Ⅲ.建筑艺术—水彩画—技法（美术）Ⅳ.TU204

中国版本图书馆CIP数据核字（2009）第144081号

本书从水彩风景画的发展历史、色彩理论、工具材料、构图立意、写生步骤等基本理论着手，系统地介绍了水彩画建筑风景写生的主要技法。书中结合作者大量写生实例来阐述各种技法理论。大部分作品附有针对性的文字介绍，包括立意说明、技法介绍、绘画步骤等。作者在阐述基本理论和基本技法的同时，还结合在长期创作实践中得来的个人体会，谈到了水彩画初学者关心的各种问题。本书不仅是建筑院校和美术、师范院校的美术教学用书，对于广大美术工作者和从事建筑学、城市规划及环境艺术的设计工作者也具有较大的参考价值。

水彩建筑风景写生技法（第二版）
Artistry of Architectural Landscape
Watercolor Painting from Nature (2nd Edition)
陈飞虎　著
*
中国建筑工业出版社出版、发行（北京西郊百万庄）
各地新华书店、建筑书店经销
临西县阅读时光印刷有限公司印刷
*
开本：787×1092毫米　1/12　印张：$11\frac{2}{3}$　字数：240千字
2009年8月第二版　2021年9月第十一次印刷
定价：69.00元
ISBN 978－7－112－09068－6
（18466）

我内心有大自然、有艺术、有诗情。倘若据此而不知足，怎样才能知足呢？

——凡·高

美景如此生成

——读陈飞虎的建筑风景

陈飞虎先生是“水彩大省”湖南的一员虎将，不是他的大学教授的头衔和省美协副主席的身份，而是因为他的创造才情、他的水彩画。

画里有一片片迷人的远景：山麓枫林中，请聆听红叶被阳光撞击的金色回响；长岛码头上，请品读百舸争流的起锚与归航；老房子诉说百年千年沧桑，新建筑张扬造型的个性、材料的质感；凤凰城的雨是绿色的，雨幕浸润出的意境，仙境一样斑斓……

在那些熟识近乎无睹、见惯早已不惊的地方，在那些平常得有些麻木的瞬间，画家借给我们一双敏感而新锐的眼睛。他的静物——煤炉、篾器、坛坛罐罐，画出多么亲切而细腻的生活味道；他的建筑，尺度、色差、光影、空间关系精确适当，显示出学院派的功力，又没有停留在技术性层面，流露出水彩画的艺术追求：像油画那样写实，像国画那样挥洒。

飞虎先生是循着建筑风景的蹊径上路的。这缘于他的职业，也缘于他独立的美学理念：建筑风景不仅仅是建筑物的对景写生，更不是设计效果图的着色渲染。那是对自然的亲近熟悉，是对地理气候变化下光与影、明与暗、干燥与湿润的体验认知，是对人／建筑／环境的艺术定位，那是建筑师成功的必由之路。

在这条孤独而迷人的山荫道上，飞虎先生不知疲倦地忘我追寻。教学之余，不是在写生，就是在去写生的路上。他总是把目光落在最光亮的地方，抓住第一感觉；他强调色调、笔触和结构；他把每次写生当成一次创作活动，注重身临其境，赞赏地观察、有情地表达；他不厌其烦地尝试写生的工具、材料和步骤；他甚至不轻易把画“坏”的作品扔掉，在失败中找出妙手回春的秘诀。然后，呈现给我们创作的欢乐和明亮的情绪。

水彩是艺术的，建筑的水彩又有科学的含量，上个世纪传入中国就是与建筑技术结伴而行的。建筑大师多是水彩大师，外国的柯布西耶、赖特、高迪，中国的梁思成、童寯、杨廷宝、吴良镛……他们不仅有大地上的作品，也有画纸上的建筑。在这个特殊的园地里，更注重精密、强调程序、讲究手的功用。在推崇艺术灵感的同时，从不忽略工艺和工匠的特性。飞虎特别认同法国雕塑家罗丹的警言：“艺术家唯一的美德就是聪颖、专心、诚实和意志，要像真正的工人一样认真地从事你的劳动。”那是建筑学师生共勉的训诫，是绝无机巧可言的劳动态度，是对水彩画技法蕴涵的巨大能量的尊重。

当他回头把这些感悟告诉他的学生的时候，已不再是教科书上平淡枯燥的句子了，听来让人觉得丰富、实在、易于领会和把握。登堂入室已不再是畏途，早已充满兴奋与诱惑。进而引领他们深入到综合的艺术修养与审美体验，学会判断、分析、审度，更划分了画匠与画家的区别。对未来的建筑师们，有什么比这样的美育更点滴入心呢。

创造性的反复是锻造精品和功力的熊熊火光，痴心不改地坚持是抵达远景的必由之路。陈飞虎先生出生湘中的山野，与生俱来的朴素执著个性伴随他的艺术苦旅。他感受和讴歌过“阳光灿烂的日子”、感伤和记录过“永不回来的风景”。近两年，开始阔步走出熟悉的生活和创作途径。在法国，面对印象主义大师和印象派的原作，察觉了获取素材的源泉，坚定了写生的立场；在伊拉克，直面民族宗教冲突带来的战争和死亡，感触到艺术和艺术家的社会责任；在非洲原野50摄氏度酷暑中的长途跋涉，发现原始艺术夸张变形的力和美，强烈的震撼中产生顿悟：从风景到风景画，需要眼力和娴熟的手上功夫；超越设色、赋形的形式语言，抒发情感，注入思想，那是水彩画的升华，那需要用到心——对大自然对建筑和一切艺术样式的挚爱、善意、灵性。

——美景便如此完成。

蒋祖烜

（作者系中国美术家协会会员、中国作家协会会员）

2009年8月

目 录

作者在岳麓山写生（2010）

Painting in Yue Lu Shan

一 水彩风景画源流

水彩画是用水调和颜料绘制的图画，从这个意义上，可以说它是人类绘画史上最古老的画种。

在古埃及，人们已经在他们的画卷上开始使用水彩画的方法，如画在纸草卷上的《冥途指南》(名谓《死者之书》)就是最早的水彩画。古代波斯的细密画主要是用水彩颜料绘制。杂以树胶的“水彩画”早为拜占庭的画家所绘制。欧洲中世纪手抄本的插图大多是用水彩颜料画成。

欧洲文艺复兴时期，德国画家丢勒(Albrecht Durer，1471—1528)是第一个绘制水彩风景画的巨匠。他在少年时期就用水彩作风景画、动物画、植物画。他热爱大自然，酷爱用水彩来表现大自然的千姿百态。恩格斯在他的那段评论文艺复兴时期的著名论述中把丢勒看作和达·芬奇一样杰出的人物。他说：“阿尔勃莱希特·丢勒是画家、铜版雕刻家、建筑师，此外还发明了一种筑城学体系……”丢勒的水彩画常以铅笔或碳笔淡彩的形式表现自然景物。其代表作品有《风景》(不列颠博物馆藏)、《小野兔》(维也纳艾伯特纳博物馆藏)、《阿尔卑斯山风景画》(牛津阿什莫林博物馆藏)、《大草坪》(维也纳艾伯特纳博物馆藏)、《一簇樱草》等。这些作品都采用写实的手法进行表现，既真实，又有诗意，不失为世界艺术之瑰宝。

到了17世纪早期，荷兰也涌现了一批水彩画家。绘画大师伦勃朗(Rembrandt Van Rijn，1606—1669)在作水墨画时常常敷以水彩颜色来表现人物、风景，把水彩画技法向前推进了一步。同时期用透明水彩作画的荷兰画家还有：阿德里安·范·奥斯泰德（Adrian Van Ostade，1610—1685)、尼古拉斯·彼得·伯格姆（Nicolaas Pietersz Berchem，1620—1683)、扬·范·赫萨姆(Jan Van Huysum，1682—1749）和卢道尔夫·巴克赫森（Ludolf Bakhuysen，1631—1708）等。他们的作品有的是完整的水彩画，有的是油画创作的草稿。当时的荷兰商业和文化繁荣，故在荷兰首都阿姆斯特丹市场上经常出现一些描绘荷兰景色的水彩风景画，深受人们喜爱。

17世纪以前，水彩画还是以淡彩形式出现的。画家们大多是先用铅笔或者墨水笔在纸上绘制素描，然后在纸上薄施透明水彩颜料。画面以明暗为主，色彩仅起烘托和辅助作用。这种绘画描绘了大自然风景的微妙变化，为现代水彩风景画奠定了基础。

水彩画真正发展成为独立画种应该归功于英国的艺术家们。

英国位于挪威海、北海、英吉利海峡和大西洋之间，是西欧的一个岛国。这里属典型的温带海洋性气候，年降雨量较多，空气湿度高。冬季温和，夏季凉爽。这样一种地理环境很适合于水彩画的表现。

我们迄今所知最早的英国水彩画家要数细密画家尼古拉

斯·希利亚德(Nicholas Hilliard，1537—1613)及其门生伊萨克·奥利弗(1ssac Oliver，约1565—1617)，他们均有十分精致的水彩细密画传世。

称得上英国第一个水彩风景画家的是约翰·怀特（John White)，其生卒年月不详。怀特是1585年英国派往北美洲弗吉尼亚探险队的一名绘图员，后来成为该殖民地的总督。在他所表现的地形画[①](Topographical Drawing)中，常表现殖民地的村落及自然风景。在他的遗作中还有大量表现印度地形景色的水彩画。这时期还有另一名地形画家温西斯勒斯·霍拉（Wenceslaus Hollar，1607—1677)，他既是一位版画家，也是一位水彩画家。他的作品题材广泛，有《圣经》故事、城镇风光，也表现植物花卉等。他的画大多藏于不列颠博物馆。在这一时期，还有另外两位水彩画家：一位是弗朗西斯·巴洛（Francis Barlow，1626—1702)，他以表现动物为主，亦作风景画；另一位是亚历山大·库泊(Alexander Cooper),他用水彩绘制的风景画在当时影响较大。

17世纪至18世纪初，英国的资产阶级已跻身于所谓上流社会。他们和往日的贵族一样喜欢旅游。英国人认为旅游能欣赏大自然的美景，增长自己的见识。这些权贵们把游览观光当作生活中的重要部分。为了记录旅游过程中的所见，在照相机还没有出现以前，水彩画就是最好的表现形式了。有些旅游者或自带水彩工具或邀一名水彩画家同行，用水彩颜色描绘名胜古迹和自然风光。这时，水彩画在英国受到空前重视并迅速传播。

18世纪中叶出现了一位被称为水彩画之父的画家保尔·桑德比(Paul Sandby，1725—1809)，他用各种颜色进行研究和实验，使英国水彩画得到了重大的发展。1741年他随同兄长托马斯·桑德比(Tyomas Sandby，1721—1798)在伦敦军事制图部工作。这时保尔·桑德比创作了许多水彩风景画。他作画时，喜欢用石墨或白垩打轮廓，在需要强调或产生阴影的地方涂上灰色，从而画出纯正的单色画。上颜色时，他在适当的地方空出他想表现白色的部分。这种画法使画面非常亮丽，仿佛有光线从白纸的后面射来。他的水彩画技法对后世的画家影响很大。1765年不列颠艺术家联合会成立，保尔·桑德比被推为领导人之一。 1768年英国皇家美术学院成立时，他成了28名创始院士之一。在保尔·桑德比的作品中，体现了他对自然观察的深度，丰富了水彩画对自然的表现力。他是最早给风景题材以生命力的画家。作品有《林区风景》(奥尔德姆美术馆收藏)、《橡树下小憩》(约克美术馆藏)、《河滩榔 树》(博尔顿美术馆藏）、《画画的女士》 等。

18世纪后期到19世纪前半期，英国水彩画达到极盛阶段，这时期出现的画家很多，他们在欧洲画坛上放出异彩。托马斯·吉尔丁(Thomas Girtin，1775—1802)是很有代表性的人物。吉尔丁把地形画、考古记录画和风景画融为一体。他在风景作品中，打破了地形画的框框，喜欢用明亮的光色和暗淡的阴影进行对比。这使当时习惯于地形画沉闷风格的人感到惊讶。在吉尔丁之前，水彩的着色法大致有两种：一种是把阴影和中间色全涂上普蓝和棕色，另一种是先给整个画面涂上一层底色，再分亮面、中间色和阴影，与油画做法相似。吉尔丁是第一个抛弃这两种画法的画家。他用各种颜色来表现景物，尤其注意以丰富的色彩来表现暗部阴影，并善于从自然景色中寻找诗意，从而使单调的淡彩画变成了多彩的水彩画。也正是因为他，使英国水彩画的色彩改革初具面貌。

威廉·透纳(Joseph Mallord William Turer，1775—1851)，这位与吉尔丁同年出生的英国水彩画坛的巨匠，是一个理发师的儿子。他早年从马尔顿学画，14岁进入皇家美术学院学习，27岁就成为皇家美术学会的会员。19世纪初，他到欧洲大陆旅行，创作了许多优秀的水彩画。他的作品运用最丰富的色彩来表现自然对象，尤其擅长表现光与空气的气氛。他主张水彩画摆脱矫揉造作的风格，面对大自然，抒写出质朴的、具有个性的作品。透纳的影响远远超出了风景画这个领域。在某些方面来看，透纳可以说是印象主义的先驱，是现代水彩画真正的开山祖师。

理查德·帕克斯·博宁顿(Richard Parkes Bonington，1801—1828)是英国水彩画坛的一颗巨星。他进一步奠定了英国水彩画的色彩基础。他父亲是诺丁汉的一

①地形画：为军事需要而记录地形特点的绘画。技巧以明暗素描为主，略事敷色。它与以欣赏为目的的水彩风景画不能相提并论，但它是水彩风景画的原始形态。

位监狱长，也是一位业余画家。博宁顿幼承家学，使他对水彩画发生了极大兴趣。15岁时，全家移居巴黎，此后卢佛尔宫成了博宁顿学习艺术的场所。在法国，他和浪漫主义大师德拉克罗瓦（Ferdinand Victor Eugene Delacroix，1799—1863)建立了深厚的友谊。当时的法国，几乎不知道水彩画，博宁顿成了法国水彩画的启蒙者。他的水彩画在法国画坛引起了轰动，不管是他的创作还是临摹品，在书店橱窗一出现，即告脱售。在法国，他的作品常获各种奖励。1827年博宁顿重返英国，由于艺术的重任和过度繁忙的创作，严重地损害了博宁顿的健康。不久，他病逝伦敦。他短促的一生，虽还未来得及充分发挥其艺术才能，却仍然在当时法国和英国的第一流艺术家中赢得了一席之地。博宁顿的水彩画，笔触轻巧优美，色彩明丽真实。他娴熟的表现技巧赢得了德拉克罗瓦的称赞："运用水彩的精到巧妙，令人称绝。""运笔爽利，不论创作还是临摹都极赏心悦目。"

被称作写实主义风景画开创者的巨匠是约翰·康斯太勃尔(John Constable，1776—1837)，他的地位与威廉·透纳相当，但其处境没有透纳那样顺利。在18岁以前，他在乡间读书和帮助父亲管理磨坊，美丽的乡村风光使他受到了熏陶。这时期，他经常画些风景画。后来他进入皇家美术学院学习绘画。他早期的作品并没有受人赏识，直到43岁他的作品在皇家美术学院展出时，才为人所欣赏。其作品《干草车》(1821，伦敦)展出于法国沙龙，获得了金质奖章，并给法国绘画很大的影响。虽然他在故国长期未得到重视，但他对自己的信念从不怀疑，从不动摇。他说："我想象自己在敲一枚钉子，已经敲下了一点，只要坚持，一定能敲得很深。"他还这样写道："我比从前更相信，我将画出一些好作品，这些作品即使不能使我获得名利，但终将会有益于我们的后辈。"他的风景画对景物的描写工整细密，体现了其高度的写实功力。其代表作品除《干草车》外，还有《云海相映》(1825，考托德)、《弗莱福特的磨坊》(1817)、《萨福克即景》、《故乡风景》等。

英国东部海港诺里奇是诺福克郡的首府。这里风景优美，诞生了一大群优秀的风景画家。他们由于共同的追求，形成了英国第一个地方性画派——诺里奇画派。这个画派形成的标志是以克罗姆和科特曼为代表的专业团体——诺里奇艺术家协会的成立。

约翰·克罗姆(John Crome，1768—1821)是一个贫苦工人的儿子，生于诺里奇的济贫院。他没有受过起码的学校教育，12岁充当医生的使童，15岁起从装饰画匠当了7年的使徒。从这时起，克罗姆就对风景画产生了极大兴趣。克罗姆不仅是一位伟大的水彩风景画家，而且是一位很好的美术教师。当他面对向他学画的学生时，总是能够将自己的热情灌注给学生们。克罗姆自己虽然常在室内作画，但常把学生带到野外，把大自然作为教学的课堂，学生因此受益匪浅。他十分热爱自然，也热爱故乡诺里奇的景色。他年复一年地表现故乡的风景。在他看来，那里有取之不尽、用之不竭的艺术创作源泉。53岁那年，克罗姆得了急病。得病那天，他正准备创作一件描绘嬉水的巨作。但发病后七天他就与世长辞了。临终时，他还谆谆嘱咐他的儿子们永远不能忘掉艺术的尊严。在他一生中，他始终以炽热的感情投入艺术的探索。他的作品清新明快，生气蓬勃，即使是日常习见的事物，在他的笔下也不显得单调乏味。尤其是画树的作品，不论什么样的树，他不仅描绘出它的形状和姿态，甚至树皮、树叶和树的生长习惯，都表现得非常精到、生动。他的代表作有《诺福克郡的铁匠店》(瑙威治卡斯尔博物馆)、《彼林兰的橡树》、《柳树》等。

约翰·塞尔·科特曼(John Sell Cotman，1782—1842)是诺里奇一个丝绸和花边商的儿子，1798年在伦敦学习绘画。1800年他的作品首次在皇家美术学院展出。在伦敦期间，他结识了很多青年艺术家，年轻艺术家们的热情给了他鼓励，使他的艺术得到了很大的进步。1807年科特曼回到了诺里奇，参加了诺里奇艺术家协会，并于1811年任会长。1836年科特曼当选为不列颠建筑师学会名誉会员。科特曼的水彩画着色素雅清丽，笔法洗炼概括，富有装饰趣味。他的代表作有《约克郡克里塔河上》、《风中渔船》、《耶玛斯城墙上》等。

英国皇家美术学院成立于1768年，在当时它是英国最有代表性的官方艺术家组织。但在皇家美术学院的早期，很多专业水彩画家的作品几乎完全被拒绝入选展览，这引起了那些专业水彩画家的不满。水彩画家们为争得水彩画的地位，纷纷联合起来建立本专业的艺术团体。1804年11月30日成立了英国第一个水彩画专业团体——水彩画家协会（又称老水彩画家协会)。会章规定会员人数以24名为限，由全体会员选出理事会，负责会务工作。老水彩画家协会的创始会员主要有：

尼古拉斯·波科克(Nicholas Pocock，174?—1821)，以描绘海洋和海战闻名，其水彩画风格接近于早期的淡彩画。

塞缪尔·谢利(Samuel Shelly，1750—1808)，以细密画影响较大，并作了大量文学作品的水彩插图。

弗朗西斯·尼科尔森(Francis Nicholson，1753—1844)是一位对色彩大胆进行尝试的水彩画家。他的作品明暗层次丰富，色彩多变。并出版了《水彩风景画技法》一书，在当时很受欢迎。

威廉·索里·吉尔平(William Sawrey Gilpin 1762—1843)，在老水彩画家协会成立时，被推为首任会长。

约翰·瓦利(John Varley，1778—1808)，是一位勇于探索的水彩风景画家，又是一位颇有成就的艺术教育家。代表作有《北威尔士斯诺顿山景》、《从乌斯河看约克城的景色》、《城堡风景》等。

科尼利厄斯·瓦利(Cornelius Varley，1781—1873)，是约翰·瓦利之弟，以建筑风景画见长。

1805年8月22日，老水彩画家协会第一届展览会开幕，展出作品275幅，所展出作品几乎全是水彩风景画，这是英国艺术史上第一次水彩画展览会，展览前后持续50天，影响很大。之后，老水彩画家协会不定期举办各种规模的水彩画活动，会员也不断吐故纳新。到1881年，老协会得到了维多利亚女王的垂青，钦命为皇家水彩画家协会。但以后的许多年中，水彩画渐渐成为市侩趣味加宫廷艺术的混合物。

由于老水彩画家协会人数的限制，不免有许多水彩画家被排除在协会门外，于是，出现了1808年的水彩画家联合会。该会对会员人数不加限制，但组织不严，1812年宣告解散。这样，老水彩画家协会继续独霸画坛20余年。一直到1831年，被摒弃在老协会门外的水彩画家再一次联合起来，成立了新水彩画家协会，该协会与老水彩画家协会有同等地位。到1881年，新协会得到了官方的承认，钦命为皇家水彩画家协会。

在皇家水彩画家协会里，涌现了一大批重要的水彩画家，他们为水彩画事业作出了巨大贡献。也正是他们，使水彩画的特性及其面貌为世人所了解和接受。

水彩画在欧洲其他国家，虽然没有像英国那样系统地发展，但也涌现了不少水彩画家和水彩风景作品。

在俄国，水彩画蓬勃发展于19世纪末20世纪初。画家有：K·布留诺夫，п·菲多托夫，A·伊凡诺夫，п·索科诺夫，N·列宾，B·苏里科夫，B·谢罗夫等。在这些画家中，有的专门从事水彩画创作，有的则画油画兼画水彩。19世纪末俄国成立了俄罗斯水彩画家协会。1956年，莫斯科举办了首届全苏水彩画展，并在这次展览期间筹建了水彩画创作委员会。之后，他们不断利用各种美术展览宣传水彩画，并先后举办过130多次水彩画展，涌现了一大批优秀的水彩画家和水彩画风景作品。水彩画创作委员会组织了30多个创作组，他们深入生活，旅行写生，促使画家们直接接触生活。到了1960年代以后，苏联的水彩画别开生面，更具有了自己的鲜明特色。

在美国，水彩画的历史远不像英国那样悠久，但是新一代的美国水彩画家善于吸收别的国家的经验，并创造出本国的特色。在全美画坛中，水彩画的地位很高，成立了“美国水彩画协会”，迄今已有126年的历史。并且还成立了许多地方性的水彩画专业团体。重要的画家有：

罗伯特·维基(Robert Vickey)，出生于纽约，毕业于耶鲁大学。他的作品为许多美术馆、博物馆收藏，也是国际著名的水彩画先驱画家。

约翰·辛格·沙金(John Singer Sagent，1856～1925)，是20世纪最使人仰慕的美国水彩画家之一。早年跟随父母周游欧洲各国，但他感到一生中和美国有着牢固的联系。母亲是费城一富有的皮革商的女儿，非常喜爱音乐和水彩画。当沙金年幼时，就受母亲影响学习绘画。他1870年进入美术学院学习。1877年，他的水彩画入选沙龙，从此名声大震，作品不断被各大艺术博物馆收藏，在世界各地产生了较大影响。

艾里尔特·奥哈拉(Eliot Ohara)，出生于马萨诸塞州的华尔森市。早在1924年，他的个人水彩画展就获得成功。1931年，他在缅因州成立了艾里尔特·奥哈拉水彩画学院，并在美国各地教授艺术课程。

罗兰·希德尔(Lowland Hidder)，1905年出生于纽约，1923年作品首次入选皇家艺术学院。他曾是英国皇家水彩画家协会首任总裁。代表作品有《早晨阳光下的雪景》等。

约翰·派克(John Pike)，1911年生于美国波士顿，他是美国公认的水彩画家，作品多次获奖，举行过50多次个人画展。他还开办了一所“约翰·派克水彩学校”，吸引了不少水彩画爱好者前来学习。凡跟他学习的人，都为他熟练的水彩画技巧及其水彩风景画的巨大魅力所倾倒。

詹姆斯·布朗宁·魏斯(James Browning Wyeth)是著名水彩画家安德鲁·魏斯(Andrew Wyeth)的儿子，他和他父亲一样，很早就表现出了艺术才能。17岁开始发表水彩画，19岁在纽约的诺德劳斯画廊举办个人画展。他的画，善于在平常的事物中表现惊人的美，具有非常强烈的吸引人的力量。

在加拿大，佐尔坦·萨博(Zoltan Szabo)是第一流的水彩风景画家。他1928年生于匈牙利，后定居加拿大成为加拿大公民。他是一位靠自学获得成功的艺术家。他经常以加拿大的自然景色为题材进行风景创作，并在加拿大和美国的水彩画讲习班中讲授水彩画知识，成为加拿大艺术协会和水彩画家协会举足轻重的人物。

在瑞典，佐恩(Anders Zorn，1860—1920)的水彩画是被认为最具写实功力的。其水彩画代表作《在丛林中》和《我们每天的面包》，既表现了深入细致的造型能力，又不失水彩画清新、透明的特性。

在西班牙出生后来定居法国的巴布洛·路伊兹·毕加索(Pablo Ruiz Picasso，1881—1973)，这位世界上最伟大的现代派大师曾画过不少优秀的水彩画。他用调淡的水彩来表现人物、风景，颇具写实的特征。毕加索还画了不少蛋彩画作品。代表作有《沉睡的农民》(1919，纽约现代艺术博物馆藏)、《三浴者》(1920，蛋彩，纽约古根海姆博物馆藏)。

在法国，以画建筑物著名的现代画家维尼亚尔(Piere Vignal，1868—1920)，其水彩画简洁概括，明丽响亮。杜菲(Raool Dufy，1877—1953)、斯贡萨克(Dunoyer De Segonzac，1884—1974)等都是很有代表性的水彩画家。

中国古代画风和现代的水墨画技法很多方面接近于水彩画。而且，我国同西方文化艺术交流的历史较早。究竟水彩画什么时候传到中国，说法不一。在明清两代，有不少中国画明显带有水彩画的特点。明代孙龙，清代李鱓、任伯年等人的花鸟画，用水用色与水彩画风格很相似，可以看作是中国式的水彩画。正因为此，当西方水彩画传入我国以后，就很容易成为我国人民喜欢的艺术画种。

一个多世纪以来，我国先后涌现了一大批水彩画家，如：张充仁、潘思同、李剑晨、哈定、李泳森、孙青羊等，他们都是老一辈中很有代表性的水彩风景画家。尤其值得一提的是，在我国建筑院校中有一大批优秀的水彩画家，如：梁思成、杨廷宝、童寯等。他们不仅是卓越的建筑师，又是出色的水彩风景画家。在我国建筑院校，水彩画一直是学生必须掌握的专业基础，而水彩画风景又是教学中最主要的内容。不难看出，在我国建筑院校中拥有一支强大的水彩画队伍，他们在我国水彩画坛中起着举足轻重的作用。

现在，世界的艺术形式更加开拓了强调自我和抒发个人感情的道路。水彩画和其他艺术门类一样，在原有的基础上呈现出百花齐放的局面，水彩画这朵艺术奇葩已成为了一个世界性的画种，在全球范围内产生了越来越多的水彩画风景大师和优秀的水彩风景作品。

图 1
城外有条河
A River Outside the City
79cm × 54cm
1992

二　色彩美的创造

很多画家都这样说：水彩是水(分)加(色)彩。这意味着色彩在水彩画中的重要性。作为一个色彩画种，就是要通过对景物的色彩感受，运用不同的色调、明度、纯度、冷暖的变化和对比来表现客观对象的质感、量感和空间感。从色彩学的角度来看，写生色彩就是创造一种基本符合客观对象的色彩关系。故写生中的色彩基本上属于写实的范畴，也就是说，写生色彩的表现要基本服从于具体客观对象。当然，纯客观的色彩现象并不能替代全部色彩语言。观察色彩和表现色彩是一门复杂的学问，我们应多下功夫去进行研究。

●影响色彩变化的主要因素

这里主要从客观方面来分析影响色彩变化的三个主要因素：即光源色、固有色、环境色。

▲光源色：即光源的颜色。从光学角度来看，世界上一切物体之所以呈现不同的颜色，是由于光源照射的结果。不同颜色的物体，在同一光源的照射下带上了统一的光源色彩，并形成一定的色调。光源色的色素越强，色调的倾向性就越明显，反之，倾向性越小。

世界上光的主要来源是太阳。早晨与傍晚的日光明显地倾向于淡红或橙黄，而正午的日光一般为白色。除了日光，还有月光、星光、电灯光、火光等。不同的光源就产生不同的光源色。

▲固有色：也就是物体的本色。这是物体在白光之下所呈现的颜色。物体的固有色是人们看到的物体上占主导地位的色彩，也是最直观的色彩。如绿色的树、白色的房子、棕色的马、红色的旗帜等。固有色在光线柔和而且又是漫射光的条件下较为明显；在强烈的光线照射下，固有色的特征减弱，弱光下固有色也减弱；在黑暗的环境中，几乎辨不清固有色。

固有色是物体色彩的基本特征。但是，在写生色彩画中，对固有色不能以固有的观念去观察，而必须在变化当中去认识。比如同是一丛绿色树林，在早上阳光的照射下呈橙绿色，而在夕阳逆光之下呈暖棕色。所以，物体完全以其固有色面貌出现的情况是很少的。我们在表现对象时，不能带有顽固的固有色观念，否则，就会孤立地看色、辨色，而忽视了光源、环境给物体色彩带来的各种变化。

图2 **理坑大院** Likeng Yard 52cm × 35cm 2010

▲环境色：环境色是周围环境色彩在物体上的反映。世界上任何一种事物都存在于某一具体的环境中，而物体与物体之间的色彩是相互影响和制约的，这主要是由于光的反射而影响到物体的颜色，这种影响变化尤以物体的暗部为明显。光线越强，环境色的反射越强；光线越弱，环境色的反射也相应减弱。

●认识色彩冷暖变化的一般规律

从自然景物中，我们发现物体受光面的色彩是与光源色的冷暖变化分不开的，而暗面又与周围环境色的冷暖变化联系密切。通过具体分析可以得出如下结论：

▲物象受光面中，有高光、亮面、中间调子三部分，其亮面的色相主要是光源色和固有色的综合，其色调的冷暖以光源色的冷暖为转移；高光部分的色彩一般是光源色的色相和色性；物象中间调子所受的光不是直射光，而是侧射光，在色相和色性上较为复杂和丰富，其色相是光源色、固有色和环境色的综合，其色感以固有色为主。

▲物象暗面的色相，主要是环境色与固有色相混合，其色调的冷暖以环境色的冷暖为转移。其暗部的色彩总带有光源色的补色倾向。所以，暗部的色彩绝不是固有色的加深、加暗。

图 3

秋日·阳光·农家

Autumn Day, Sunshine and a Farmhouse

54cm × 39cm

2002

在前页所述物象暗面的色彩总带有光源色的补色倾向，而且，暗部的色彩绝不是固有色的加深加暗。如在这一幅写生中，地面和墙面的受光部分的色彩偏黄，这和光源色有一致的成分。而建筑的暗部或是地面的投影都带有明显紫色成分，即物象暗面的色彩带有明显的光源色的补色倾向。

●认识色彩强弱变化的一般规律

在写生时，我们掌握色彩强弱变化的规律，有利于表现正确的色彩关系，有利于塑造物体的体积与空间。

a．物象离我们越近，色感越强，反之则弱；

b．暖色的色感比冷色强；

c．色彩纯度越高，色感越强，反之则越弱；

d．越接近原色，色感越强，反之越弱；

e．色彩(黑白、冷暖)对比越大，色感越强，反之则弱。

下面再讨论一下关于颜色的可见度问题，这对于色彩的应用很有指导意义。

在日常生活中，我们发现某些物体在某种背景上很醒目，而有的则模糊难辨。这就说明，这些物体的可见度与衬托该物体的底色有关系。如我们最熟悉文字与底色的关系，白纸上写黑字显而易见，但白纸上写黄字就难以分辨。这样我们悟出一个道理：为了让形得到一定的可见度，必须考虑到该形与底色之间的差异。不同的色，有色相和纯度上的差别，但影响物象形体可见度的重要因素是色彩明度的差距。如果形的色与底色的色相不同，但明度相同，形的轮廓还是模糊难辨，只有明度的差距拉开了，形在底色的衬托下才会明显。

下面是两组颜色的搭配。

可见度高的配色		可见度低的配色	
底色	形的色	底色	形的色
黑	黄	黄	白
黑	白	红	绿
紫	黄	红	蓝
黄	绿	黑	紫
蓝	白	灰	绿
绿	白	紫	红
群青	黄	赭石	红

由上所知，可见度高的色彩搭配色感强，可见度低的色彩搭配色感弱。认识这些色彩规律，对于我们在写生中正确运用色彩表达我们的艺术感受很有必要。

●掌握正确的色彩观察方法

■ 整体地观察

我们面对客观对象写生时，首先应有一个这样的认识即一切物象都不可能是孤立存在的，每一个局部，每一处细节，都是全局和整体中的一个组成部分，一切色彩都处于一个相对的比例关系中。

初学者在写生的时侯，常常碰到这样的问题，死死盯住对象却感到对象的色彩很难找，色彩判断捉摸不定：有时觉得偏绿，有时觉得偏蓝；有时感到偏暖，有时又感到偏冷。这是由于孤立地观察局部的结果。怎样才能找到色彩?当我们面对景物去观察其色彩的时候，首先要把握对象大的色彩气氛和总的色彩倾向，要把对象、光源、环境三者作为一个统一的整体来进行观察。何况，各种色彩的变化不是单靠眼睛找出来的，而是在比较当中认识的。色彩的准确不是绝对的，而是相对的。我们平常所说的准确性，也是指画面色彩的相对准确。企图去寻找绝对符合对象的准确色彩是徒劳的。不难理解，我们在表现电灯光时，再白的颜料也无法达到强烈灯光白的程度，我们只有按照其色彩的比例关系恰当地画出其白光与周围色彩的关系，才能达到类似于我们所见白光的视觉效果。

说到底，画色彩就是画色彩关系，强调关系二字就是促使我们去全面比较。而这种比较的结果只能在整体观察的方法中实现。

图 4

红墙秋色

Red Wall in Autumn Scenery

54cm × 39cm

1994

色彩的冷暖是对立统一的关系，但在同一幅画中，冷暖要分主次，这是一幅典型的暖调子画面。尽管远景中有明显的冷灰调子，但黄、红色彩成了画面的主调。

■ 比较地观察

所谓比较的观察方法，简要说来，就是比色调、比明度、比冷暖、比色相。

▲ 比色调

色调即是色彩的调子。在音乐中调子是支配乐曲音调的标准，素描里的调子是说明光度层次的。在色彩写生画中，色调是指在不同颜色的物体上笼罩着一定明度、色相的光源色，使各个固有色不同的物体带有同一色彩倾向。

色调有不同的类型。从颜色的明度来分，有亮调子，灰调子、暗调子等；从颜色的色相来分，有黄调子、红调子、蓝调子等；从颜色的色性来分有冷调子、暖调子等。

色调是客观现实的反映，同一对象由于时间、季节、光源等客观因素的改变，色调就会有各种变化。初学者往往不能很好地把握色调，只凭主观概念用色，或者是颜色互相孤立，令人眼花缭乱，好似音乐会里各种乐器缺少统一指挥，各行其事，就会使人感到杂乱无章。有的初学者将色调理解为同等色或类似色的组合，导致画面色彩单调。

色调的表现和处理，要先分析客观对象，看是以光源色为主还是以固有色为主。例如：早晨金色的阳光照在大地，就呈现金黄色的调子；若是太阳下山之后，大地被蓝紫色的天空所笼罩，就呈现为冷调子，这时的色调就是以光源色为主而转移。中午在白色阳光照射下，景物固有色占优势，固有色便成为决定调子的主要因素。在这种情况下，特别要注意观察哪种固有色占优势，让其相互统一起来。让色彩有主有次，既有对立又是一个和谐的整体，否则，画面就会出现“花”或“乱”。

▲ 比明度

比明度，就是比颜色的深浅明暗层次，也就是我们常说的黑白灰层次。这里指的黑、白、灰，不单纯指黑色、灰色、白色。而是指颜色相当于黑、白、灰的色度。色彩学曾经证明，人们对明度的感觉比对其他几种色彩属性的感觉要敏锐得多。就是“色盲”，实际上对色彩的明度也是不“盲”的。正是这种视觉特性，致使色彩明度在绘画作品中，起着至关重要的作用。客观对象可以比出数不尽的明暗层次，但是，我们不能照抄对象，照抄对象是徒劳的。要知道，物象的深浅明暗层次是无法抄录的，表现得再仔细和客观对象比较也差距甚远。我们主张在写生时，将对象反映出的无数层次压缩到最少层次。事实证明，层次太多会造成层次之间界线不清，结果失去了层次效果。

▲ 比冷暖

在绘画里，用色彩生动地表现对象，关键在于冷暖关系的处理。我们知道物象的颜色虽然有千差万别，但可以分为两大类：倾向于青蓝一类的色彩为冷色，因为这些颜色使我们联想到冰、雪、霜、水等较冷的东西；倾向于红、黄一类的色彩为暖色，因为这些颜色使我们联想到火、阳光、灯光等较暖的东西。自然中的物象颜色是极其复杂、微妙多变的，无论怎样都离不开冷暖这两种倾向。一般人对色相、色度有辨别能力，但是作为画家来说，更要善于区别细致、微妙的冷暖变化。

比较冷暖，应在区别了黑、白、灰明度层次的基础上去进行，否则，就会出现繁琐、混乱的局面。因为景物的层次是无限可分的，这样就必须作概括处理。所以，以黑、白、灰色块分析为基础，尽可能在同类明度的色层中进行冷暖比较。色彩的冷暖是对立统一的关系，没有冷，就没有暖；没有暖，就无所谓冷。色彩的冷暖变化有如下情况：

a. 物象的受光部和背光部，就整体而言，总有冷暖对比。受光部偏冷，背光部就偏暖；受光部偏暖，背光部就偏冷。

b. 冷暖变化与距离有关。近的物象冷暖变化丰富；远的物象冷暖变化简单。

c. 暖色系的色彩有向前扩张的感觉，冷色系的色彩有向后收缩的感觉。

d. 暖色给人兴奋、热烈的感觉；冷色给人镇静、清凉的感觉。

▲ 比色相

色相是颜色的种类，如红、黄、蓝等。在绘画中比色相是最容易的。呀呀学语的婴儿，父母就对他(她)们进行区别色相的教育。比如说，这棵树是绿的，那件衣服是红的等等。也正是如此，人们就开始了对物体固有色的认识。有人认为，绘画不一定要比色相，比色相会导致孤立地计较这是绿的，那是红的，违背了条件色的观察方法。但是，绘画本身

图5 **茶籽山人家** Farmhouses in Chazi Mountain 54cm × 39cm 2001

不能忽视色相的比较，因为色相本身不是孤立存在的，一切色度、色性的变化，最终是用色相的面貌体现的。而这些色相又反映了不同的明度及冷暖。不同的色相组合，正是色彩画区别于单色画最基本的特征。不同色相的运用，一般来说，应注意和谐统一。但这也不是绝对的，有时为了主题内容的需要，故意使用不和谐色相的搭配，更使人感到强烈和刺激。好比音乐，有时旋律舒缓，有时却故意产生一个高亢的音调而令人更感到振奋。

■ 抓住对色彩感受的第一印象

所谓第一印象，就是初看对象时所产生的那种色彩冲动，也就是最初那种既新鲜又准确的色彩感觉。这种感受，随着时间的推延而逐渐减弱。因此，画者在确定色彩基调时，要敏锐地抓住色彩的总倾向、总基调，迅速地将其色彩倾向和特征画下来，然后再进一步分析和研究局部的色彩关系。同时，要让每一个局部的色彩服从于整体的“大关系”。在处理这种整体—局部—整体的过程中，自始至终强化“第一印象”中所找到的那种色彩感觉。

■ 把对象当作一堆色彩来看待

画明暗素描时，我们把对象当作一堆光线来看，在思维方式上，使对象的明暗关系重于形体关系，这样有利于帮助我们理解客观对象一切造型因素的构成的本质特征。同样道理，画色彩画时，我们把对象当作一堆色彩，让色彩关系重于形体关系。因为，任何可视形体都是靠其色彩而为人感知的。与其说我们看到了形体，还不如说是看到了这堆色彩。绘画时，如果把这堆色彩关系画对了，其形体关系就自然体现了。可以说，色彩是造型艺术的基本语言。

世界上一切物象以不同的色彩呈现在我们面前，色彩变了，我们的视觉也就变了。有的色彩画家，把同一个物象以不同的色彩去表现，就会给我们不同的视觉效果。不说印象派画家莫奈以不同的色调来表现同一个教堂的艺术感染力，就是抽象派画家蒙德里安以红、黄、蓝、黑等几种简单的原色组织的不同形状结构的抽象画面，虽说一定程度上体现了形与结构的独立表现性，但最终给人的还是色彩的强烈构成所造成的美感。所以，很多色彩画家在处理色与形的关系时，总是提出先“色”后“形”的画法，或把对象当作一堆色彩来看待的观察方法，来强调色彩的独立作用和重要性。

有了把对象当作一堆色彩来看待的观念以后，我们可以认为：形体的空间就是色彩的空间，形体的变化就是色彩的变化，形体的虚实就是色彩的虚实，形体的对比就是色彩的对比。那些把“形”看得重于“色”的人，他们在表现自然景物时，或不敢用色，或用色时谨小慎微地不敢稍破轮廓边线。而把色彩放在第一位的人，在表现方法上，不仅能迅速、敏捷地把握对象大体色调与黑白灰度及冷暖的大关系，而且敢于破除形体边线的束缚，使画面色调浑然一体。

图 6 《路边小店》

此画作于 1995 年，用写实的手法表现了梅城路边小店一角的真实情形。用水彩表现客观对象的真实时，切忌失去水彩画独有的透明特性。

画面以特写的手法表现了主体煤炉、破木凳。木凳子上煤灰的质感是用牙刷带色刮落产生的，而锅子上冒出的热气则是用毛笔洗擦而成。

背景的深色里调入了黑色，由于颜料中含水较多，让深色的暗部仍保持着微妙的色彩倾向。

图6　**路边小店**　A Small Roadside Store　50cm × 50cm　1995

●初学水彩在色彩上容易犯的毛病

画水彩画时，初学者由于对色彩缺少正确的认识，或色彩表现技巧不熟练，常遇到以下问题：

▲不敢使用色彩

很多初学者在画水彩画时， 由于过分注意色彩的透明，不敢使用色彩，尤其不敢使用重色、深色，画面清淡无力。

▲颜色太深太厚

作画时，用油画的技巧来画水彩画，往往造成颜色太深太厚。油画颜料是有覆盖能力的，可以多次叠加，而且浅色可以加在深色上。但水彩画颜料透明，若叠加过厚，这种透明的基本特性就失去了。要知道，颜色到了一定厚度以后，不仅失去了透明感，而且也失去了色彩感。

▲颜色的脏、灰、哑

造成这种问题的原因主要在调色方面。调色时，颜色种类不要混得太多。颜色调的种类越少，颜色就越干净、越鲜明，反之就越脏、越灰。能用一种颜色画的，就不用两种颜色，能用两种颜色调成，就不用三种颜色。事实上，大多数色彩用两三种颜色即可调出。

另外，调色时，不要两种颜色等量相加，这样，很容易使颜色变“哑”，使色彩单调乏味缺乏色彩倾向。应特别慎重对待对比色的混合，对比色相混，容易产生缺乏色彩倾向的污浊色；但是，我们可以利用对比色调出灰性色彩。

▲颜色干枯

这是因为在使用色彩时，到处是黄、赭、焦褐，没有明确的冷色相衬。此外要懂得，即使是这些暖颜色，也有冷暖之分。

▲颜色“假”，“生”

“假”是用色不真实。色彩画用色有三个步骤：即看得准、调得准、画得准。“看”是指观察色彩，“调”是指调配颜料，“画”是指画面上的色彩表现。三个步骤的实施，需要脑、眼、手并用。其中任何一个环节不准确，就会导致画面色彩的不真实。出现假色时，要冷静分析主要问题出在哪里，然后有的放矢，解决问题。

“生”是“熟”的反面。生色是指未调熟的颜色。有的人作画时，用色单纯，处处都是原装颜料的搭配，缺乏构成空间感的色彩关系，画面上又无相对“隐艳”的沉着色。这种颜色在画面上使用，只是表面的鲜艳，给人既不真实，又单调、生硬。我们在观察自然景物的色彩时，会发现真正接近原色或直接用颜料管内的颜色作画的情况是不多的，通常情况下，需要两种或两种以上的颜色相调，才能调出真实、自然的丰富色彩。

图7 **工厂一角** A view of the Old Factory 72cm × 52cm 2009

这是一幢破旧的红砖建筑，许多年前曾是校办工厂，陈旧的墙面呈现着斑驳的肌理。

上色时，基本使用大排刷完成，并结合颜色的灰白效果表现沧桑的历史感。作画过程充满着激情与速度，一气呵成的表现正符合当时的现场体验。

图 8　**秋**　Fall　52cm × 35cm　2010

2010 年 11 月，我同湖南省水彩画家一行 50 人来到江西婺源，这里已是浓郁的深秋意境。在作此画时，我先用土黄、桔黄、赭石等颜色表现画面中央的银杏树，然后去表现朦胧的远景，并以远景中的深色包围已固定形状的树叶，最后表现地面的光和影。

●关于“脏”色的思考

我们平时所指的“脏”，是与干净相对的。在我们的日常生活中，常常存在脏的东西。比如说，这种食品脏了，那件衣服脏了。但在颜色这个范畴里，是无所谓脏色的。一切颜色的运用，只有准确与不准确，适当与不适当之分。我们常说的某块颜色脏了，实际上是指这块颜色用得不准确或用得不适当，也就是与客观对象的色彩关系不符合。

设想我们从锡管里刚挤出来的颜色，应该说是够干净的了。但是，如果用得不适当，这块所谓纯净的颜色也是一块脏色。就说是某块灰色，可能用在这里是脏色，而用在那里可能又成了一块很漂亮的颜色。所以，运用颜色的关键所在：用得适当!

有了这个关于“脏”的认识之后，对于画面出现的“脏”，你可能有了新的概念。作为初学者，由于色彩的运用技巧不成熟，为求理想的色彩关系而难免在画面上反复修改、重叠。但矛盾的另一面就是水彩不宜多次覆盖，这样会使颜色失去透明性和应有的纯度，也就是平时我们常说的“脏”。那么，我们是否因为担心“脏”就放弃对于色彩关系的追求呢?

荷兰19世纪伟大的艺术大师凡·高曾一度沉醉于水彩画的创作。在他初画水彩的日子里，总感到画面色彩混浊、暗淡和沉闷，几乎完全失去了透明感。他的老师安慰他说：“假如你的作品现在透明，那它只是具有某种chic[①]，以后它可能会变得呆滞。现在你孜孜不倦地作画，作品看上去虽沉闷呆滞，但以后会很快进步，画面也会变得透明响亮起来。”(引自《凡·高自传》)，凡·高相信了老师的教导，努力在色彩上去反复探索，后来他的作品既色彩高雅，又响亮干净。

其实，由于调整色彩关系而出现的“脏”是暂时的，对初学者来说也是难以避免的。千万不要怕“脏”了画面而放弃对于色彩准确的追求。许多色彩画家的“宁脏勿净”的理论就是这个道理。当然，我们在追求色彩关系的同时，应努力从色彩混浊当中跳出来，这牵涉到如何掌握基本的着色技巧和建立良好的作画习惯的问题，但这个过程是任何一个色彩画家的必经之路。

---

① chic：法语。指漂亮，时髦。这里含有华而不实的意思。

●学会画灰色

颜色的美观，不一定就是以鲜艳为标准。我们观察大自然的景物，会发现客观对象的色彩几乎不存在真正的纯色，大都是以复合的色彩面貌呈现在人们面前。这主要是由于空气、光线、环境各种因素的影响造成的。我们平时所说的蓝天白云，其实一天中任何时候都找不到天空中真正纯净的蓝色。就说“白云”，在逆光时变成了有变化的灰云，在受光时变成了偏暖黄色的云。再看那山上茂密的绿色树林，这种绿色也不是色轮上的绿，比较远的树由于空气中微粒的作用可能成了紫灰色，稍远的成了灰绿色，就是近景的树叶，也有受光和背光的区别，绝不会是真正纯净的绿色。

一般人，只要不是色盲、色弱，都有区别鲜明色彩的能力。越接近原色的鲜艳色彩越容易被人辨别。但是辨别那些灰调子的色彩，那些互相之间只有微妙差别的色彩，不是常人都能做得到的。作为色彩画种，识别各种灰调子的色彩，而且能画出这些漂亮的灰色，是衡量一个画家的色彩感受力、色彩修养的重要标志。记得俄罗斯有位色彩大师曾经说过这样一句话：“没有画过一张灰调子的画家不算是真正的画家。”

当然，在近现代的绘画作品中，尤其是野兽主义、表现主义和某些抽象主义画家，他们常把色彩夸张为高纯度的色彩，比如把头发画成火红色，把天空画成纯蓝色，把树叶画成纯绿色，追求浓艳、刺激的强烈效果。但是，这些画家的作品是另外一种主观上的追求，甚至可以说不属于写生色彩学研究的范围，那自然就另当别论了。

图 9

门前的竹篓

Bamboo Baskets in Front of the Door

75cm × 54cm

2002

2002 年 10 月，去了安徽黟县西武乡关麓村。关麓村充满着浓郁的农村生活气息，每户人家的院内院外都随意摆放着各种农什。下午 3 点多钟，阳光正当强烈，门前的竹篓、木凳成了画面的趣味中心，光和影的魅力永远是令人激动的。

画竹篓时，先用浅色满涂竹篓编条亮色，并让其干透。然后，用深色填充内侧深色。画深色时，要注意深色的明度变化及色彩变化。

墙面的投影是干重叠一遍画完，明确的投影轮廓、强烈的光感跃然纸上。

三　从“水”着手到“水色”并举

既然水彩画是以水调彩色颜料所作的绘画，那么，“水”和“色”在画面当中各充当何种角色呢？

首先，水彩画中的“水”使水彩画的透明特性成为可能。在水调配颜料时，对于同一种颜料来说，水多则薄，水少则厚；水多则淡，水少则浓；水多则浅，水少则深；水多则亮，水少则暗；水多则轻，水少则重；水多则虚，水少则实。可见，水的运用直接影响到颜色的画面效果。可以说，水彩画技法的关键所在，取决于画家是否能将水运用得得心应手，真正要达到炉火纯青的地步，不是一日之功。

初学水彩，许多人总是不用心探索水的技巧，甚至于用水彩画颜料作油画技法一样的表达，还有的人纯粹用油画的厚画法来作水彩画。可见，许多初学者对水彩画的特性认识不足，往往因缺乏用水的经验而难以控制全局。干湿衔接经常会顾此失彼，要不就用水过多，使画面上的形难于控制；要不就用水过少，使画面干枯生硬，使其失去透明性。由于不能很好地用“水”而导致画面难以收拾或不了了之，从而使学习水彩画的积极性受到挫伤。

既然认识了水在画面中的重要性，那么初学者必须从研究“水法”着手，否则就难以向前发展。作为初学者，首次拿起水彩笔作画时，不宜直接对景写生，更不宜作难度较大的风景画。最好从临摹入手，这样对水彩画中水的运用可逐步得到感性认识。在临摹时，不一定限制于临摹水彩画作品，也可以用水彩画工具去临摹一些其他画种的作品（诸如油画、水粉画等）。经验证明，初学者临摹一定数量的作品是大有裨益的。

当初学者第一次走向大自然对景写生时，所面对的景物最好经过精心挑选，所选景物应符合水彩画写生善于用“水”的基本条件，如：简单的造型，较单纯的组合关系，大块整体的色彩对比，明确的空间层次。美术史证明，任何伟大的画家在初学绘画时，都是从简单的内容着手训练的，循序渐进的学习方法符合任何科学门类的发展规律。

学习水彩对于水性的了解至关重要。水赋予了水彩画的活力和灵性，使这一画种展现出怡神的高雅情趣。许多学生在基础阶段往往会忽视水和彩之间相辅相成的关系，常常从一开始写生就重视用色多于用水。这样，不仅会使水彩画失去许多应有的韵味，还可能给画面带来一些不可收拾的尴尬局面，而影响学习水彩画的积极性。

不管初学者碰到多少用水的困难，都不要半途而废。许多一开始信心百倍的人，往往由于用水的原因而改学其他。初学水彩画时，不能急于求成。因为此阶段练习的主要目的在于了解水彩性能和水的渗化规律，加深对水与颜色、水与时间、水与用笔关系的认识，并从中积累经验。

当过了“水”的入门关以后，其作画重点应逐步转到“水色”并举的观念。因为，任何色彩画种，画面的色彩语言是色彩作品的生命。

解决写生色彩问题，要充分掌握理论对实践的指导作用。色彩理论指导色彩实践，而色彩实践又反复验证色彩理论。那种一味认为色彩单凭感觉的错误观点，是不能正确地掌握色彩语言的。在“色彩美的创造”一章中，我们谈到了一些基本的色彩理论，但更多更深入的理论不在本书所讨论的范围，需要初学者去大量阅读更加广泛的有关色彩理论的书籍，去尽可能提高色彩修养。只有提高色彩的理论修养，才能让理性去支配我们的色彩感觉。

画家的色彩语言还依赖于各学科门类中的综合知识，用这些知识不断地去充实和丰富自己。随着知识和阅历的积累，色彩感觉将日趋成熟，色彩语言会越来越丰富。透过一张色彩风景画，可以看出作者全方位的艺术修养。水彩风景画是抒发感情的产物，而全方位地把握知识则是抒发感情的奠基石。

水彩画的色彩是靠水为媒介而实现的。有人曾说，用“水”重技巧，而用“色”重修养。这话虽说有一定道理，但我不完全赞同此说。一幅水彩画的成败与否应该说是水色并举。无论是用“水”还是用“色”，都需要很高的艺术修养才能表达艺术感情。“水”和“色”是互相依赖的，其艺术的魅力和奥秘需要画家用毕生精力去感受。

图10　**老屋**　Old House　72cm × 58cm　2003

2003年8月，与我的几位研究生来到家乡安化，这里到处可见传统木结构民居。那天，强烈的阳光照在宁静而又美丽的山村，使这个朴实平凡的农家小院带来了生动丰富的光影气氛。

为了捕捉这短暂而明丽的光影效果，画面较多地采用干重叠技法。用笔力求果断、快捷。在全画的表现过程中，可听到空中飞舞的小蜜蜂发出嗡嗡的声音，远处不时地传来几声狗叫的声音。

四　水彩画工具的选用

每种绘画艺术的特点，都是由其工具材料和艺术表现技法来决定的。所以，每位初学者都必须熟练掌握水彩画工具的各种性能。老一辈水彩画家对工具和材料的使用是十分讲究的，因为他们大都认识到工具性能的掌握及其运用直接影响到水彩画技法语言的表达。以下分类阐述水彩画工具和材料的性能。

●颜料

水彩画颜料采用矿物质、植物质和化学合成三种基本原料，还加入甘油、桃胶调制而成。国内目前生产颜料的厂家很多，但有不少厂家生产的颜料质量不高。有的粉质较重，有的颗粒太粗，有的色素不准确，有的稀释程度不符合要求。提高水彩画颜料质量是广大水彩画家一致的要求。笔者多年来喜欢使用上海美术颜料厂生产的“马利”牌水彩颜料，认为其质量相对较好。后来在各地了解，不少画家都有共识。

在写生前，一般将颜料先挤进调色盘的格子里，所挤量的多少要根据具体情况而定。颜料在调色盒中排列时，应有一个正确的排色顺序，这样，既能保持调色盒中颜料的清洁，又能使用方便。

在调色盒中排列色彩时，主要是按照明度与冷暖进行排列，目的是把混合后容易变脏的颜色尽量隔开放置，使邻近的颜料即使互混也对色素影响不大。

调色盒上颜料的排列顺序

白	淡黄	橘黄	朱红	曙红	土红	生褐	浅绿	翠绿	群青	普蓝
柠檬黄	中黄	土黄	大红	深红	赭石	熟褐	粉绿	湖蓝	钴蓝	黑

一般情况下，调色盒内的格子并未全部挤上颜料，事实上，也并不需要这么多颜色来作画，调色盒内有些空格会更具灵活性。一种正确的颜料排列方法，不要轻易改变，在使用中逐步熟悉之后，就会越来越感受到它的便利。

这里提供一些常用颜料的名单：

白　WHITE

柠檬黄　LEMON YELLOW

橘黄　ORANGE

土黄　YELLOW OCHRE

藤黄　GAMBOGE

朱红　VERMILION

大红　SCARLET

深红　CRIMSON RED

玫瑰红　ROSE RED

赭石　BURNT SIENNA

生褐　RAW UMBER

熟褐　BURNT UMBER

浅绿　GREEN LIGHT

翠绿　EMERALA GREEN

草绿　SAP GREEN

深绿　GREEN DEEP

群青　ULTRAMARINE

青莲　VIOLET

深蓝　DEEP BLUE

普蓝　PRUSSIAN BLUE

湖蓝　CERULEAN BLUE

煤黑　LAMP BLACK

在水彩画颜料中，颜色的透明度不一样。一般来说，植物质颜料比矿物质颜料透明。实验结果表明：柠檬黄、普蓝、翠绿、玫瑰红、酞青蓝、青莲最透明；朱红、中黄、铬黄、深绿、群青、熟褐次之；土黄、土红、粉绿、钴蓝、赭石透明度最低。掌握颜料的透明度，对于我们在实际应用中怎样把握水彩画颜料的特性很有必要。

●纸

水彩画纸的种类繁多，分粗面、细面，纸质坚实、纸质松软，纸基厚、纸基薄，布纹纸、线纹纸，吸水性强、吸水性弱种种。一般来说，对画纸的要求是质地洁白，纸基粗厚、坚实，吸水性适中，上色后色彩感觉好，不漏矾的纸就是上乘之纸。

纸质太松、吸收量大的纸，在干后大部分色彩被纸吸入，以致使画面变灰，暗淡无色，并且水彩画的润泽感和渗化作用也难以实现。

纸基太薄的纸，纸质湿后容易起皱变形，使画面凹凸不平，故对纸的厚度有一定的要求。目前，市面上的水彩纸均以克数表示其厚度。一般来说，140克以下的纸太薄。近年，市面上出现了220克，甚至260克的纸，质量很好。假如使用较薄的纸作水彩画，可以裱在画板上画，以防止起皱。

各种纹理的纸可以出现不同的效果。纹理较粗的纸，一般更多受到画家的欢迎，因为这种类型的纸吸水性和附着力较强，既适合水色饱和的湿画法作画，又适合于层层重叠的干画法。画面的效果凝重、浑厚，并且较粗纹理的纸在涂色运笔时，偶尔产生飞白，可增加画面色彩的亮度和透明感的效果。

水彩画漏矾现象也是常遇到的情况，纸面漏矾属画纸质量问题。漏矾处往往不易着附颜色。遇到这种情况时，可用饱和的胶矾水溶液刷一次，待干后再用就克服了这一毛病。但有时也利用漏矾的纸达到某种特殊效果，那就另当别论了。

长期以来，我国不少画纸厂家对水彩画纸的生产作了不少探索。我国保定水彩画纸、上海水彩画纸、温州水彩画纸、山东水彩画纸，质量都很好。除了特制的水彩画纸以外，也可用其他画纸来作水彩画，如素描纸、绘图纸、宣纸、卡纸等。用这些纸作水彩画，可以扩大水彩画的艺术风格和丰富水彩画的表现技法。不过作为初学者，最好是采用专用水彩画纸作画，这对于掌握水彩画的基本技法，充分发挥水彩画本身特有的艺术语言是十分有利的。

●画笔

水彩画笔种类很多。从毛质上分，有狼毫、羊毫、貂毫和狼羊兼毫；从形状上分，有圆型、扁型、尖型；还有大小号之区别。各种型号的笔有各自不同的特点和用途。

羊毫笔属软性毛质，含水量多，用笔变化丰富。因水彩画需要用水带色，故羊毫笔是必不可少的。市面上不少专用的水彩画笔用羊毫制成。中国书画用的大白云属羊毫类，可代替专用羊毫水彩画笔。在创作大一点的画幅时，还需准备一些羊毛排笔，3cm、2cm宽的不等，作为铺大色块用。

狼毫和貂毫属硬性毛质。这种笔的笔毛富有弹性，主要用来勾线或塑造细部。除市面上专制的狼毫水彩画笔外，中国画用的兰竹、衣纹、叶筋笔都可用来作水彩画。

一般来讲，初学者在进行基础训练时，准备一两支羊毫画笔，一支狼毫画笔就够用了。长期不用的毛笔，可伴几块樟脑球存放以防虫蛀。新买来的毛笔可能有脱毛现象，用线把笔毛根部绕紧就行了。有的画家作画时要用十多支笔，而有的画家只用一两支笔就能完成一幅画。用什么样的笔，用多少笔全凭个人作画的习惯及画面的需要来确定。

●其他工具

调色盒：有金属和塑料两种。市面上塑料调色盒最常见，以白色为佳。

画夹子：写生用的画夹子，主要是背式的，一般以能放进四开水彩纸的规格为宜。

盛水器：供作画时装水洗笔用。常用小型提桶、水杯、茶缸、罐等代替。

写生凳：有折叠和非折叠两种。主要以高度适宜、携带方便、耐用为佳。

铅笔：用于起稿。铅色不宜太深或太浅。铅色太深的铅笔，上色后铅笔线太明显会跳出色外；铅色太浅的铅笔，上色时看不清楚轮廓。一般来说，以HB、B、2B型号为宜。

除此之外，还要准备图钉、铁夹子、小刀片、海绵、橡皮、伞等工具。

图 11 **晴日** Sunny Day 52cm × 35cm 2010

2010 年夏，应庐山特训营之邀，上庐山给特训营学生讲课，期间与学生们一起边写生、边教学。学生们来自全国各地，那种学习氛围与热情使我每天都在感动中。这张画正是在写生期间作的一件写生示范性作品。

画面重点表现在灿烂阳光中的逆光意境，林中的远景以湿画法为主进行表现，以追求物象的朦胧感，而近景的树叶则用枯笔技法画成。全画完成用了一个小时的时间。

图12 **石花村农家** A Farmhouse in Shihua Village 75cm×52cm 2002

石花村位于安化县长塘乡，这是一个非常秀美的村庄，这里自古以来有许多美丽的传说，村子里的农民勤劳而又善良。每每来此，都受到他们热情的接待。

我用的是进口300克水彩纸，斑驳的土墙，陈旧的草屋顶很有水彩画意，屋檐下的深色衬托着受光部位的墙体及地面的光色，有了这些深色，才使黑白灰层次如此分明。

图13 **水边小镇** A Small Town by the River 50cm × 50cm 1995

图14　**雪中人家**
Dwellings in the Snow
52cm × 35cm　2008

画雪景总是很快乐的事情，因为此时大自然的一切都变得如此简洁与单纯。在这个多元文化的世界里，简洁与单纯又多么重要！

画中白色的雪几乎全留白纸，运用干湿结合的方法表现画幅上方的部位，以体现冬天略显的朦胧。为了使大面积深色远景不至于过于沉闷，则用了白粉的覆盖画出了深色底上带雪的树枝。

五　两种基本的着色方法

水彩画技法多种多样。但概括地说，可以分为两大类：一类为干画法，一类为湿画法。

●干画法

干画法是用水调配颜料以后，在干的纸面上着色的一种方法。这种画法，并非是用水很少的一种方法，而是每一遍色仍需要水分饱满。只是在每上一遍色时，其承受颜色的纸面是干的。干画法分干的重叠法和干的并置法两种。干的重叠法通常是先画浅色、亮色、薄色，后画深色、暗色、厚色。每次着色应力求颜色的透明。干的并置法是等前一遍颜色干了以后，再在它旁边排上第二遍颜色，不使其相互扩散。

用干画法可以将物体形状表现得肯定，色彩层次清晰，体面转折明确；而且用色稳定，造型结实，能把对象表现得充分突出。此外，使用干画法，可以从容地用色彩表现对象，适合于长期深入刻画。

干画法应注意的几点：

▲每次重叠颜色时，要待前一遍颜色完全干了。如果在前一遍颜色将干未干时接着上第二遍颜色，就会出现难看的水渍。

▲必须预计颜色重叠后的效果，如第一遍是黄色，重叠色为蓝色，那么重叠部分两种颜色的混合色感是偏某种绿色倾向。这种重叠后的结果，主要依靠本人的色彩知识及技法经验来判断。

▲先画的颜色可以为不透明色，而后重叠的颜色必须是透明色。越往后重叠的颜色越要薄，否则会失去透明性。

▲为了保证颜色的纯洁度，越是后面的颜色越要纯度高，否则，颜色容易变脏、变灰、变哑。

●湿画法

湿画法就是在湿的底子上着色的一种方法，也就是趁纸面水、色未干时进行连续着色的方法。这种方法可以利用水分将各种颜色互相溶化、渗透，以取得丰富、明朗的色彩效果。

湿画法通常采用以下几种方法：

▲湿纸画法：在着色前先将纸用清水浸湿，当纸未干时，在湿纸上着颜色。这种画法，能使色彩混合成朦胧状态，给人若隐若现的感觉。它适宜于表现虚远、变幻莫测、色彩柔和的景物，如雨景、雾景、远景等。着色时要从不同的表现目的出发，来决定纸面水量的多少。一般采用湿纸画法时，笔上颜色水分要少，才能表现出一定的色彩形状效果。

▲湿的重叠法：这是湿画法中使用最多的一种方法。它是在画面上趁前遍颜色未干时重叠颜色的方法，使前后色彩相互渗透，达到转折柔和、衔接自然、水色丰润，变化无穷的效果。

▲湿的晕染法：这是用水将未干的颜色从旁晕化烘染的技法。这种方法可使颜色产生一种渐变的色彩效果。用此法时，先上的颜色要有适当水分，在晕化时再根据需要来掌握好笔上的水分。

上面介绍了干、湿两类最基本的画法。在作一幅画的具体过程中，总是干湿结合，没有完全的干画法或完全的湿画法完成的。只能说有些画面是以干画法为主，有的是以湿画法为主。在干湿结合的具体操作中，有如下情况：

a．铺大调子以湿画法为主，具体塑造时以干画法为主；

b．远景以湿画法为主，近景以干画法为主；

c．虚的部分以湿画法为主，实的部分以干画法为主；

d．次要部分以湿画法为主，主体部分以干画法为主；

e．柔软光滑的物体以湿画法为主，坚硬粗糙的物体以干画法为主。

例图1 **用湿画法表现云彩**

例图2 **用湿画法表现虚的远景**

图 15 **婺源老屋** Wuyuan Old House 52cm × 35cm 2010

婺源篁村是一个有着悠久历史的古老乡村，这里充满着浓郁地方特色与传统风情，村民们仍然保持着朴素的民风，旅游市场的商业气息还不曾波及这片如此纯粹的传统境地。一到村庄，便让我产生了强烈的表现冲动。我用浓郁的色彩和饱满的水分表现远景中那一片朦胧的深秋树林，用枯笔画法表现由历史沉淀造成的老墙之斑驳肌理。画面运用湿画法追求一气呵成，浑然一体的交融之感。

六　巧妙运用特殊技法

前面已谈到了水彩画的两种基本技法，即干画法和湿画法，我们都必须熟练掌握和运用。但是，水彩画的各种特殊技法丰富了水彩画的表现形式，掌握这些特殊技法，可以创造更富有表现力、时代感和艺术个性的水彩画作品。

下面介绍一些水彩画的特殊技法。

●撒盐法

撒盐法是在水色未干的画面上，撒上一些食盐(精盐)，由于食盐的吸水性能，将周围水色吸进盐内，而使画面造成小白斑点，很适宜表现大雪纷飞的气氛。撒盐时，要注意画面上的水分，最好处于半干状态。画面太湿，不可能吸净水色；画面太干，不可能吸动水色。盐落到画面上后，等数分钟后才能逐渐产生斑点状，要注意观察其形成斑点的形象变化，并根据具体情况，进行补撒或其他调整。见34页例图3、例图4。

有的画家把锯木粉或面包屑等撒于画面，也可造成美丽的斑点和肌理，其原理同撒盐法。

图30《冬雪》一画中的雪花就是运用了这种技法来表现的。

●喷水法

喷水法是将水喷洒到将干未干的画面上，形成小白点。这种方法适宜于表现雪、雨等气氛，也可表现建筑墙面的某种特殊肌理。现在市面上可买到专用于这一技法的喷水器，使用很方便。

●刮色法

刮色法是用笔杆、刀片、竹片等在干湿不同的纸面上刮出白色痕迹，是一种在深色底上表现亮色的特殊技法。如一丛深色树林中的几根浅色树枝，或一片深色草地上的几朵白色小花瓣，单靠用水彩笔在深色底上留出这些细小的白线或小的白面，是很困难的。而在未干的深色当中，用合适的工具轻轻一刮，就轻而易举了。刮的时候，要掌握画面干湿的程度。画面水分太多，刮过的地方又容易被水色淹没；画面过干，颜色刮不动。故这种方法一般是在画面将干未干时进行，效果最佳。见34页例图5。

●蛋清画法

蛋清画法是用水和鸡蛋清为媒介调色作画的一种方法。国内外水彩画家运用这种方法创作了不少水彩画经典之作。

蛋清画法，便于多层次重叠，适宜于作较深入的刻画。色彩有滋润的感觉，干后附着力非常牢固。

●贴纸泼彩法

此方法是先将白卡纸浸于水中，然后从水中提出放于玻璃板上，赶走气泡，使其平整。当画纸水未干透时，将宣纸撕成所需形象贴于画面，然后泼色于纸，快干时揭掉宣纸，纸上出现柔和、色彩斑斓的特殊效果。接着再根据具体情况整理画面，使之完整。

●浆糊调色法

浆糊具有粘结力，和水彩颜料调混在一起，可使颜料聚集成团，不易流失，并能取得理想的特殊效果。作画时，先把水彩纸在水中浸湿后，放于玻璃板上，然后用浆糊调水彩色在画面上画出物体的大致形象，等颜色在画面上停留片刻后，部分颜色即粘于纸上。这时拿起画板向不同方向倾斜，未粘部分的颜色会在画面流动，形成富有变化和生动自然的纹理。这种效果，无法用常规技法表现。如图85《深秋季节》就利用了浆糊调色后色彩流动所产生的纹理来表现深秋意趣。

●揉叠画纸法

这是利用水彩纸在揉叠后产生不规则痕纹来表现的一种特殊技法。先将水彩纸(纸质松软者较好，纸质过硬、过厚的不容易揉叠)用铅笔勾好轮廓，再将水彩画纸浸于水中，取出后，将纸揉搓一团，再展开铺于画板上。由于揉搓的作用，纸面上出现了不规则的痕纹。在这产生痕纹的纸面上着色，画面将出现不同浓淡、深浅、疏密的色彩肌理，可得到丰富、自然的画面效果。见35页例图6。图34《梨树塆的雪夜》(64页）即是用这一方法表现的。

●蜡笔加色法

蜡笔加色是先用铅笔在水彩画纸上勾好轮廓，在画纸的某些部分，根据需要涂上蜡笔色。上水彩色时，因水彩和蜡互不相融，故已涂过蜡的部位都不附着水彩颜料，画面上呈现异常生动的蜡笔色彩。尤其是使用白蜡很方便。一片深色底上的小白线，如果用常规画法，须很小心地留出，且很难见生动。若先用白蜡将要留的白线一一画出，然后用重色一涂，白线就自然显现出来了，这种方法已被不少画家使用。

此法还常用来表现建筑物墙面的某种斑驳的肌理或表现冬天大雪纷飞的气氛。若用油画棒代替蜡笔，也可取得同样的效果，见36页例图8。

●洗涤法

这种方法的运用极为普遍。很多画家已用此法来修改某些用色不当处。这里所谈的洗涤法，主要是指用水洗涤画面颜色来表达某种效果的特殊技法。见36页例图9。

洗涤法分湿洗法和干洗法两种。

湿洗法：趁画面水色未干时，用带有清水的笔在上面洗涤。比如朦胧树林中浅色的树枝、树上的积雪等可用这种方法来表现。在洗涤时，笔上带水的多少要根据画面的需要而定。图58《边城阵雨》就是用洗涤法来表现大雨倾盆的情景气氛。

干洗法：这是在画面颜色干了以后，再用带水的笔进行洗涤的方法。这种方法常用于表现流水瀑布、草地上白色花瓣、物体的高光等。

●拓印法

把颜色涂于较平滑的纸上(白纸板、水彩纸的背面等)，再用另一张纸盖于这涂有颜色的纸上，用两手压印盖纸后按一定方向揭开，即出现各种深浅颜色纹样。这种纹样变化多端，大多像山峦、树木、云彩等。使用这种方法偶然性极大，事先无须用铅笔勾画轮廓，但最后需用笔作适当调整和补充。见35页例图7。

以上谈到的各种特殊技法，大大丰富了水彩画艺术的表现力。掌握这些技法，不仅有利于艺术地表现具体的客观对象，而更重要的是表达作者的审美趣味、思想感情。运用这些技法，若能造就出艺术家富有特色的艺术风貌和个性，则是一种最富成果的探索。但是，一切技法只是表现艺术效果的手段，切不可为技法而技法，生搬硬套地运用。

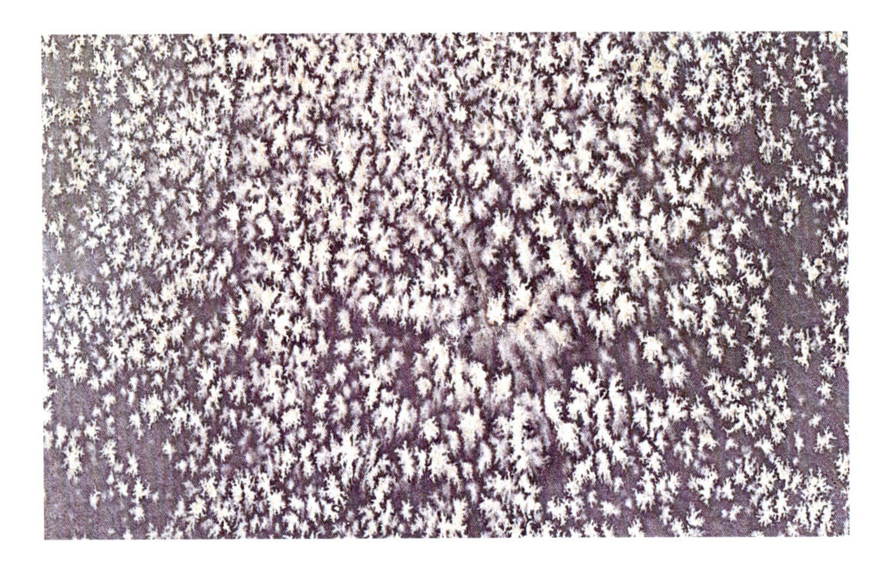

例图 3 **撒盐法**

先将画面刷上一层颜色，在将干未干时撒上一把精盐，约两分钟后，由于盐的吸水作用，使画面产生了白色雪花状。

初用这种技法的人，因在撒下盐后未马上见到效果，就立即补撒第二次盐，使画面造成白色糊状。所以，有经验者总是在撒盐几分钟后再根据画面情况决定是否补撒。

例图 4
用撒盐法表现的雪林

这是一幅用撒盐法表现雪林的实例。画中先用蓝、黑、赭石几种颜色调成深色去画树干和树叶，在将干未干时撒下一把食用盐，约两分钟后，雪花飞舞的效果跃然纸上。

例图 5 **刮色法**

刮色法必须在颜色将干未干时进行，因为只有在此时才能刮动颜色而露出纸的本色。

不同的纸面有不同的刮色效果。此图用的是保定粗面水彩纸，刮色后产生了斑驳的肌理效果。

本图例是用小刀片来进行刮色的，也可用笔杆、竹片、细树枝、手指甲等来刮色而实现不同效果。

例图 6 **揉叠画纸法**

这是用温州水彩纸进行揉叠着色的情形，假如使用别的画纸将会有另外的效果。

使用这种方法可以先上色后揉叠，也可以先揉叠后上色，此图例是按后种方法进行的。图 34《梨树湾 的雪夜》是使用这种方法的典型实例。

例图 7 **拓印法**

先在白色卡纸上任意涂上水彩色，再用另一张纸覆盖于这张涂有颜色的纸上，稍加压力后将上面的纸按一定方向揭开，就产生了富有变化的纹样。纹样大多像山峦、树木、冰雪等。

本图例是一次性拓印形成的。在具体创作的过程中，可根据画面效果进行多次拓印，以表现更丰富的色彩和形状的变化。

例图 8 **蜡笔法**

先用蜡笔在纸上画出一定形象，然后在涂有蜡笔的部位着水彩色。由于蜡笔的油性作用，使水彩色与之分离，呈现原蜡笔色彩。

这种画法很适宜表现深色中的浅色点、浅色线。

例图 9 **洗涤法**

这是用清水洗涤画面颜色来表达某种物象或某种特殊效果的技法。这种方法已被画家普遍使用。洗涤法有干洗和湿洗两种方法，用干洗法表现的形体明确，用湿洗法表现的形体模糊。参看图 58《边城阵雨》的表现技法。

图 16 **缸中包谷** The Corn in a Pottery Jar 52cm × 72cm 2007

一道阳光穿过屋顶天窗正射到内院的缸中包谷，这种舞台聚光式的效果让画面形成主题的焦点。四周暗中间亮的明暗手法，让视觉中心得以重点的表达。

图 17 **麓山深秋** Late Autumn on Yuelu Mountain 78cm × 108cm 2007

岳麓山最美的季节莫过于深秋，丰富的色彩让你陶醉。每年这个时候总要用水彩画去记录下这种强烈的心情。

该画是用大白卡纸进行表现。上色时，我想起了刘海粟先生说过的一句话，“把对象当作一堆色彩”，深感有了这种观察理念，表现物象时就能更加主动和自由。

图 18 **梨树洲溪流** The Stream of Lishuzhou 52cm × 35cm 2010

2010 年 11 月，受炎陵县人民政府的邀请，我们一行 6 人来到了距炎陵县城 40 公里的一个海拔 1000 米的高山上的梨树洲进行旅游文化考察。已进入冬季的高山顶上，每天早晚气温均在零度左右。梨树洲上山涧瀑布众多，山上除了流水的声音，便是鸟鸣，好一派世外桃源意境。

我采用的是 300 克康颂水彩纸。表现技法以湿画法表现远景中的树枝，以干画法的流动笔触表现水的动势，全画完成用了 40 分钟。

图 19

古树木桥

Old Tree and Wood Bridge

54cm × 39cm

2001

堰头村位于浙江丽水，与大港头隔河相望。在这里我真正体会到了小桥、流水、人家的山水意境。

为了在画面中突出小桥，有意提高了桥面的亮度。大树的树叶和远景用湿的衔接法自然过渡，虚实相接。力求使画面产生情景交融之趣。

图 20 **柬埔寨街景** The Streetscape of Cambodia 72cm × 52cm 2009

2009 年 3 月，我有机会去柬埔寨进行为期半个月的写生。这是一个充满着神奇的国度，除了吴哥窟这些举世罕见的宗教建筑外，金边城里的小街小巷同样令你感到浓浓的异国风情。

这幅画是离开金边的最后一幅写生。下午的阳光使屋顶的橘红色更加夺目，地上大面积的阴影衬托着建筑的受光面，使画面显得格外明丽。作画时，力求颜色单纯、饱和，并尽量减少重叠的遍数，以便在浓郁的色彩中表现水彩画透明的特性。

图21 **晌午** Noon 52cm × 35cm 2010

这是在婺源沱川乡写生的一幅小景。画面表现的是河边吊脚楼。那天，阳光灿烂，晴空万里，空气格外洁净。我用“留白”的方法让画面中央的白墙形成了视觉焦点，使客观对象产生了强烈的明度对比。着色时，干画法、湿画法交替运用，力求虚实有效的色彩过渡。

七　审美判断贯穿于写生行为的始终

风景画，是以自然景物为对象的绘画。风景画写生是通过对自然景物的描绘，激发人们对生活、对自然的热爱，使人们得到美的享受和熏陶。写生是联系自然与绘画的一座桥梁。写生不是学会如何描摹自然，而是研究自然界形形色色关系的实践。构成一幅完美的写生作品，其主要因素则是作者凭借审美修养去进行艺术处理，审美判断自始至终贯穿在写生过程中。

●选景构图，精细安排

面对自然景色进行描绘时，首先必须有所选择，这就是画什么的问题。客观景物并非什么都美丽入画，更何况季节、气候、光线、角度等各种因素，都会使客观对象的形体与色彩发生改变，这就要求我们带着艺术的眼光去观察景物，进行分析，有取舍地选择景物进行描绘，而不是生搬硬套地照抄大自然。

有些人在取景时备有一个自制的取景框，透过取景框去看景物，能更好地确定构图，这种方法被不少风景画家尤其是初学画风景的人采用，见例图10。

例图10 **取景框**

自然景物变化万千，构图方法也多种多样。对于景物的各种因素(诸如：疏密、高低、大小、虚实、明暗等)都要进行认真推敲。描绘的角度也要有所选择，要符合主题表现的需要。对于初学者，要选择形体单纯、色彩鲜明、层次清楚的景物进行描绘，并且要按照由易到难的方法循序渐进。

构图时，还要确定适当的幅式。幅式比例，关系到主题及表现。一般来说，直构图有高耸之感，横构图有开阔之感，方构图则使人感到稳定、匀称。幅式的确定，一定要根据景物的特点及主题立意的需要，进行反复的分析。如果忽视了这一点，匆忙下笔，构图就不会出色。有的人在写生时，用某种固定的幅式去套对象，这不利于灵活而艺术地进行构图。

构图时，还要根据主题表现的需要，按照艺术规律考虑均衡、统一、变化、呼应、对比、透视等内在的韵律关系。而这些因素都可以归纳为点、线、面、方圆、曲直的形式处理。一幅完美的构图，就是将这些因素巧妙地进行艺术性组织的结果。

在色彩画中，构图与色彩的关系具有特殊的重要性。初学者在开始考虑构图时，刻意地从形状的位置摆布着手，容易忽略色彩的构成因素。一般来说，画水彩都是用铅笔勾轮廓，而这些铅笔线只解决了形的布局，与最终完成的水彩画作品的构图效果有很大差别。这种差别是色彩布局的作用造成的。所以，初学者可多进行一些色彩草图的练习，从中探索色彩的明度、纯度、冷暖、色相等因素在画面布局中的构成效果。

例图 11

《红墙秋色》（见图 4）采用竖向构图，可表现树木的高耸和舒展，并加强深秋立意的情调。向右上方生长的斜直树干和波浪形的红墙屋顶形成对比，这种线形变化所产生的形式感远比横向画幅生动。

例图 12

《橘洲夏日》（见图２２）表现的是橘子洲上的夏日风景。采用横幅式构图，既能表现开阔的场景空间，又能表现舒展的光影气氛。

图 22 **橘洲夏日** A Summer Day on Juzizhou 72cm × 54cm 2002

2007 年以前，橘子洲上是我最常去写生的地方。无论春夏秋冬，总让我感到不断有新的构图。那里既有传统的木构民居，也有西方近代的欧式别墅；既有来去匆匆的外地游客，也有久居这儿的本土居民。可现在进行了大开发，以前的自然风光与浓郁的生活情调永久消失了。

画面表现的是洲上一个老船厂小景。夏日的阳光落在洲上，高低电杆、木桩形成了变化的形态节奏。为了表现阳光，画面的墙面几乎采用“留白”的方法，在偏冷的深色背景衬托下，使建筑主题得到了突出。

例图 13

《路边杂屋》（见图 23）一画，在处理黑、白、灰关系时，将小屋的墙面及地面中心部位尽可能留成白色，除此之外的其他部位都比这部分深。这样，画面上便形成了以建筑为高潮的视觉中心。

●确立明暗基调

明暗基调是指画面黑、白、灰的关系。处理风景画的黑白灰关系，远比室内静物的表现要复杂得多。因为，自然界的景物千差万别，繁杂琐碎，作者要用概括的眼光找出概括的黑白灰层次。这种概括，不仅仅是一种观察能力，而更重要的是画家的艺术审美能力。

一般情况下，黑、白、灰都会在画面中出现，而且互相衬托。但在一幅画中应有一个主要基调。画面以白为主，称为“亮调子”，见图 14《雪中人家》；画面以灰色为主，称为“灰调子”，见图 26《老镇之晨》；画面以深暗色为主，称为“暗调子”，见图 6《路边小店》、图 54《小巷深处》等。

不同的明暗基调会给人不同的视觉感受。如亮调子给人明快、轻松之感；灰调子给人柔和、含蓄的情调，有时却使人感到忧郁、凄凉；暗调子沉着、稳定，有时却给人低沉、恐怖的气氛。由此看来，确立明暗基调在画面的主题立意方面起着十分重要的作用。

●明确表现重点

要把繁杂的自然景物组成理想的画面，在构图阶段就要明确重点，分清主次。重点的表现对象是构思的主体，一般来讲应置于主要位置，并使之相对完整。一幅没有主体的画面，会使人感到松散。从最初选景到最终收笔，从观念上强调主体的意识必须贯穿始终。

主体在画面中的位置一般放在主要部位，但并不意味着放在画面正中央。那会使人感到呆滞而失去生动性。一般情况下，是采取中心偏移的处理，这就需要按照形式美的规律去进行合理布局。次要景物则是根据主体的需要进行安排。并且，在组织主次关系时，应通过大小、高低、明暗、强弱、疏密、动静、虚实、轻重、软硬、冷暖的对比手法来表现主体。但是，运用这些对比手法时，不应教条化，生搬硬套。有时，恰当地表现次要景物，也是为了突出重点。可以设想，在舞台戏剧艺术中，主角的成功，很大程度依赖于配角的精彩演出。

图 23 **路边杂屋** A wayside Odd Room 40cm × 30cm 2010

2010 年 10 月，我乘坐大巴士从印度的斋普尔前往新德里，因为路途遥远，汽车多次停靠路边小憩。每每停车，我总要拿出写生工具在路边写生。这就是其中的一幅即兴写生。

画面表现的是一个小杂房。为了捕捉强烈的光影气氛，我采取从上至下、从远至近的操作步骤一气呵成。由于停车时间的有限性，作画所形成的超乎异常的紧迫感使我在用笔中更具情绪化。

表现过程中将小杂房墙面与中央部位地面尽可能留成白色，使这部分在画面中形成视觉中心。

●制订着色计划

完成构图起稿以后，不要急于上色。这时应制订画面上色的具体操作计划。水分、时间、色彩是水彩画的三要素，它们互相联系和制约。哪里应先画，哪里应后画；哪里用水多，哪里用水少；哪里需省略概括，哪里需强调夸张，要胸有成竹。这些因素在上色之前应反复考虑，绝对不能草率下笔。越成熟的画家，考虑得越全面，而初学者容易忽视这个环节。下面谈谈几种主要的上色顺序：

▲先浅后深

水彩画颜料具有透明性，透明颜料深色可以盖住浅色，而浅色难以覆盖深色。因此，在作画时，总是先画浅色，后画深色。先浅后深也是水彩画一般的作色程序。

▲先上后下

因为水往低处流，故水彩画在上色过程中，按照水流方向顺势先画上部，后画下部。这既可针对具体的一个色块而言，也可针对整个画幅而言。

▲先远后近

远的物象偏虚，近的物象偏实；远的物象概括，近的物象具体；远的物象轻，近的物象重；远的物象偏软，近的物象偏硬。而虚的、概括的、轻的、软的宜先画，实的、具体的、重的、硬的宜后画。故先远后近的作画步骤适宜于表现这些由于空间距离造成的对比因素。

▲先整体后局部

这是一种全面展开，然后逐层深入的方法。运用这种程序，便于画面的全面比较、调整和充实。而且，初学者易于掌握画面整体与局部的关系，是比较稳妥的着色程序。

▲先湿画法，后干画法

一张画有的部位是采用湿画法，有的部位是采用干画法。湿画法部分与时间因素联系尤为密切，它必须是在水中作业。所以，湿画法的部位可先画。有时甚至把画面分成几个部分，一部分一部分地完成。采取局部完成的方法，才不会失去湿画法发挥水的作用的效果。但是，值得注意的是，虽从局部开始，但在观念上要整体地把握全局，让每一个局部都服从于整体。

当画面上主要的湿画法部分完成以后，然后再用干画法塑造相对具体的物象。

▲先环境后主体

主体往往是画面上明暗显著、色彩突出、形体明确、结构具体的部位，而其陪衬的环境相对来说处于次要部位。先画完次要部位，有利于主体的刻画和塑造，更何况主体部位用干画法表现的成分也要多些，故先环境后主体的方法也有利于处理主次关系和色彩的虚实变化。

以上是从各个不同角度来阐述水彩画上色的顺序。但是，在具体操作过程中，也可能是上述几个程序交替、穿插进行。值得提醒的是，操作步骤应服从于主题立意的表达，千万不要固守一种操作程序，那样会产生程式化的操作习惯，而程式化的操作习惯是艺术想象力充分发挥的最大障碍。

●结尾处理，画龙点睛

这是画面处理的最后阶段。这时，要审视画面全局，检查一下整体效果。尤其注意大关系是否符合主题立意的表达。这时，可能会发现一些问题，有的是形的问题，有的是色的问题，有的是用笔的问题，有的是空间关系的问题等。对待这些问题要冷静地进行分析，看哪是主要矛盾，哪是次要矛盾，主要矛盾解决了，次要矛盾也就迎刃而解了。在处理过程中，落笔要简练，要达到“画龙点睛”的作用，切不可“画蛇添足”。

图 24
深秋
Late Autumn
54cm × 39cm
1997

这是在庐山如琴湖畔的一张写生。庐山的秋天真令人陶醉。

上色时，先画天空。但是天空颜色没有像往常一样大面积铺开，事实上露出天空色彩的部位并不多。趁天空湿的时候，紧接着画上方的树叶。并将画幅上方的树叶处理得比较概括，且用湿画法完成，以突出入口处所体现的视觉中心。

画下方的浅色树干时，先用土黄、赭石调出很亮的颜色画树干的受光部分，再画树干后面偏深的树叶，用深色包围浅色的方法衬出树干的形状。

地面的小草主要是用湿的重叠方法完成。几乎可以断言，不用湿画法画不出小草的蓬松感。

图 25

静一斋小景

A View of Jingyi Building

39cm × 27cm

2001

一道白墙，一棵近树。看似简单，但前后空间，远、中、近层次十分丰富。很多人初学风景，总喜好画大景，由于缺少用水用色的经验，难以收拾。水彩画风景在起步阶段最大的困难是由于用水、用色技巧不熟练而导致的麻烦。所以，对于初学者不妨多画些小景，从小至大的构图，从简到繁的内容，才能符合循序渐进的学习规律。

图 26　**老镇之晨**　Dawn of the Old Town　75cm × 52cm　2000

家乡的老镇，在晨雾中显得如此富有诗意。

作画时，我先在青莲中加适量土黄调成颜色水，用大号底纹笔满刷纸面，紧接着用湿的重叠法画深色部位。画面中的浅色部位大部分是用扁笔洗擦出来的。

以湿画法表现风景，无论是表现雾的朦胧，还是描绘雨的含蓄都能产生出其不意的效果。

图 27
秋的节奏
Rhythm of Autumn
39cm × 54cm
1997

这是庐山的一丛枯树。阳光照在树干上，浅色树干成“人”字形互相交错，构成了特有的形式感。

由于树干为浅色，我采取了由近到远的步骤来表现。首先用土黄、赭石等调成浅色画近景的树枝、树干。由于它们互相交错，树枝树杆将画面分成了若干小的区域。每一个小的区域都是远景的深色块。当画这些远景的深色时，确有填空之感。在用这种先浅后深的方法进行表现时有两点尤为注意：第一，要使每一部分的深色和形状有机地联系起来，切勿孤立；第二，要小心衬出近景树干的形状，并让树干、树枝的变化符合树的生长规律。

图28 **云溪老屋** The Old House in Yunxi 52cm × 35cm 2010

在江西婺源理坑村，有一幢被称为“云溪别墅”的传统老建筑，每天吸引不少外地游客来此参观。为了表现其强烈的光影效果，画面中的白墙采用“留白”的方法体现，天空中枯笔画法打破了平淡蓝天的单一局面，使画面构成变得更加灵动与闪烁。

图 29 **逆光下的老墙** Aged Wall in the Backlight 52cm × 35cm 2010

图29《逆光下的老墙》

2010年11月，我带学生赴江西婺源美术实习，在婺源的每一天，师生们兴致很浓。这里无论自然山水还是历史建筑，都充满着浓浓画意。

画中的老墙在太阳西下时正处于逆光。在用笔过程中我运用了“留白”的方法以表现边线转折处的受光部位以及近景树叶中的浅色。墙体处于背光中，凝重的墙面色调与天空、地面形成了明度节奏。

图30《冬雪》

这张画是用“撒盐”的特殊技法来表现雪的气氛。天空飘落的雪花是趁天空与远景的颜色将干未干时将食用精盐撒落其上而形成的。一般来说，撒盐应一次而成，不能多撒，遍数多了雪花形状会糊在一起而失去轻松散落的形态效果。

图30 **冬雪** A Scene with Snow 50cm × 50cm 1990

八　水彩风景画常见物象的表现

风景画中所表现的物象是多种多样的，它所表现的空间也是无限广阔的，下面就几种常见景物的表现技法进行阐述。

●天空

在风景画中，天空的表现是必不可少的。天空变化非常复杂。无论早、中、晚，还是各种气候条件，天空都呈现不同的面貌。即使是在同一时间的天空，也有上下左右的变化。所以，我们面对天空只有进行反复观察，才能发现它最本质色彩的规律。

古今中外，不少文学家、画家都怀着特有的兴趣描绘这变幻莫测的天空。那风雨欲来的云彩，秋高气爽的蓝天，如火如荼的晚霞，朦胧含蓄的朝雾以及静谧安详的月夜……在风景画中，都能表现一种特有的意境。

一般来讲，无云的天空，其上部颜色较深，下部颜色较浅。这种由深到浅的变化是和空间透视感一致的。而且，这时天空的颜色绝对不是简单的纯蓝。在一些情况下（如早晨、黄昏、阴天等），天空根本不是蓝色。所以要根据实际情况加进其他色彩才符合自然色彩变化的规律。

画无云的天空时，笔上含水含色要饱满，并可按照从上至下的步骤用侧锋快速用笔。初学者往往在调天空色时不能调到足够的量，致使画一部分天空后又重调颜色，这不利于以湿画法自然地衔接色彩。

画云朵时，要注重光线在云彩上的表现。云的上部因天光反射，颜色偏冷，但云影底部的颜色则偏暖，这种色彩变化有利于表现云的体积感。用水彩表现云朵时，多用湿的衔接法或湿的重叠法来表现其色彩变化，这样才利于表现云朵柔软、飘浮的质感。

雾，是水彩风景画中最擅长表现的物象。它能给风景画带来朦胧含蓄的意境。雾的色彩主要依光源色和环境色而转移，它使一切景物都披上了一层薄薄的灰色纱幕。这时物象模糊，时隐时现。因此，画雾多采用湿画法，雾中的各种模糊物象都是靠水色未干时进行浸染和叠色，以求柔和朦胧的效果。

如图26《老镇之晨》就是表现雾中的老镇。上色时，先将纸面用水浸湿，然后从远景开始着手，此时无须追求具体形似。趁画面水色未干时，再画中景的建筑，最后才画近景的电杆与立柱。值得注意的是不要将雾中的深色景物画得太深，再深的物体在雾的笼罩下都变浅了。

总之，在表现天空的各种情况时，尽管技法多种多样，但主要是根据作者的直接感受，创造性地、灵活地运用。

●树

有人说：“不学画树，就画不了风景。”这说明画树在风景画创作中的重要地位。画好树是画好风景画的一种重要基本功。

画树，首先要掌握树的姿态，这种姿态主要是以树的外形来体现。

明代著名画家董其昌对画树有精辟的论述，他说：“见奇树，须四面取之。树有左看不入画，而右看入画者，前后亦尔。看得熟，自然传神。”这说明要画好树的各种姿态，只有反复观察，才能做到形神兼备。

学习画树，可从单株树练习开始，然后逐步学会画一丛树，最后到不同类型的树和环境的组合。这种循序渐进的方法，对于学习画树来说尤为重要。

古人曾有“画山水不问树”之说，意即地球上如此多的树，不可能一一具体表现，也不可能在一张风景画里，指出这是什么树，那是什么树。因为山水风景画里的树不是植物学教科书中的标本图解，而是艺术家经过艺术处理后借形传神的表现。

画树可分两类练习，一类是以树干为主的树，一类是以树叶为主的树。

树干的表现：首先要学会以树干来表现树的基本形体，树干树枝有前后左右的穿插关系，好像一把伞的撑杆，支撑着树叶的重量。所以，从起稿开始，就要对树干树枝的透视关系、虚实关系、前后关系作比较细心地表现。画树干要画出其质感和力度。就一棵树来说，可以先画大树枝，后画小树枝。而具体勾勒时，要根据树的粗硬、刚柔、老嫩等各种变化用笔。逆锋、中锋，干画、湿画灵活运用。

树叶的表现：表现以树叶为主的树时，首先着重分析树叶构成的体积关系。我们可以将树冠按体积分成若干组去理解。

自然对象的树不一定都是生动的，所以在表现树的形态时必须进行适当的艺术处理，在树的边缘形状上作适当调整。一般来讲，树冠中间部分的树叶比较集中，边缘部分比较松散，故在用笔时应区别对待。中间树叶密集的地方宜用湿的衔接法表现其明暗转折，让其自然形成立体感；边缘部分的零散树叶可用干重叠法表现，其笔触的变化有利于区别各类树种（见例图15）。

有的树冠中央部分由于树叶过分密集，缺少生动性。“树留三分空”就是要我们画树时在某些地方适当留空，这样，能透过树冠看到后面的天空，这就叫做“透气”。若在这些留空之处再加上树枝前后穿插，就使人更觉生动（见例图16）。

例图14　**树干的表现要符合树的生长规律**

例图 15　**树叶的画法（一）**

画树叶时，先画受光部分的浅色树叶，后画背光的深色树叶。并注意用湿的重叠法表现深浅过度。

例图 16　**树叶的画法（二）**

用笔表现树叶时应注意疏密变化，树叶留空处所画树枝显得尤为突出。

图 31 **小河阳光** Sunlight on the River 52cm × 35cm 2010

婺源沱川有条小河叫理源何，小河两岸绿树成荫。为了表现画面中逆光中的小树，先用桔黄加草绿画出近景中浅色的树叶，之后再用处于远景中冷灰色去包围已画好的浅色。画面中由浅至深的步骤在这里得到了充分的表达，力求在明快的光感中去塑造画面空间与体积。

图 32 **梅城南桥塅西眺** An Westward Overlook from Nanqiaoduan in Meicheng City 54cm × 39cm 2000

在梅城西街尾，朝南望去，是美丽的南桥塅 风光。山区空气总是清新的。在这里每一天，让人总感到明丽和清澈。对于风景写生，我总习惯于从上至下，从远至近的表现步骤。在这张画里，我第一步画天空、远景、然后是河滩、流水。最后点缀空中小鸟。画面一气呵成，在丰富的层次变化中，追求统一的整体色调效果。

●地面

风景画中的地面处理，对于表达画面空间感、体现特定的环境气氛、体现特定的心境和主题起着至关重要的作用。

许多初学者对地面的表现往往采取漫不经心的态度，草率收场，这使一张风景画难以趋于完整。所以，我们对于地面的表现，要深思熟虑，反复推敲，切勿草率。晴天，由于受日光照射，地面比天空亮；阴天，地面比天空暗；雨天，地面吸水处由于反光比天空亮；无积水处可能比天空暗；雪天，由于雪光反射，雪地远比天空亮；夜晚，由于受到月光、灯光等不同因素的影响，情况往往比较复杂。这些虽说是一般规律但不是绝对的，每一个作者应在实际写生中具体观察表现。

画地面时，要注意概括处理。地面上的杂草、乱石一般零星琐碎，如果如实照抄，一则失去整体感，二则影响主体的表达。具体用笔时，宜先从基本色调着手，然后或湿画法或干重叠法去追求细部变化。

●建筑物

作为建筑风景，建筑物往往是画中的主要内容。建筑物的外部构成主要是屋顶和墙面，但建筑形式却是多种多样的。从时代风格来分，有古典建筑、现代建筑等；从功能类别上来分，有工业建筑、民用建筑、桥梁建筑、宗教建筑等；从建筑材料来分，有木建筑、砖石建筑等；从建筑艺术思潮来分，更是举不胜举。

画建筑物要着重表现建筑的体积感、重量感和质感。具体描绘时，要注意以下几点：

▲ 从起稿开始，就要对建筑物的形状比例、透视关系进行耐心细致地刻画，切勿草率行事，否则在上色时，就无具体依据。

▲ 画建筑物的色彩，一般是干湿结合，虚中有实。若建筑物是画中主体，则宜使用干重叠画法，塑造出其材料特征、结构变化。

▲ 画建筑物，不等于画建筑效果图，不应把建筑设计的各个细节逐一表现。绘画作品中的建筑物，不单是画形，而更主要的是以形传神；甚至通过建筑及其环境气氛的表现，追求一定的艺术意境。

如图 58《边城阵雨》一画，虽说表现的是边城老镇的建筑形象，但在画中已经不是简单形体的交待，而是通过雨中的边城这种载体追求一种朦胧、古朴、神秘的艺术情调。

例图 17 **采用喷水法和洗涤法混合表现的建筑物砖墙质感**

例图 18 **土墙建筑的表现**

例图 19 **用干画法表现水面**

●水面

在风景画中，画家常把水作为主要描绘的对象之一，我国传统绘画中的风景画，就称为“山水画”，可见画水在风景画中的重要性。

水有各种姿态：有涓涓细流的溪水，有波涛汹涌的海水，有水平如镜的池水，有波光粼粼的湖水，有急流直下的瀑布，还有清澈透底的清泉等等，研究各种状态下水的变化规律，对于表现水的各种特征很有必要。

一般来讲，表现流动的水，主要靠水波浪花来体现，而水波浪花的变化有其自身的规律，它是按照水流和冲击方向呈鱼鳞状推进的。越近，波纹浪花越明确，越远越模糊。

静止的水主要是靠倒影来体现。古代画家有“画水不画水”之说，意即表现静止水的特点，主要靠水边的建筑、船只、人物、树木等在水中的倒影来体现。这种倒影是实物的倒立状，其形比实物模糊，画这种倒影既可以用干画法来画（例图19），也可以用湿画法来表现（例图20）。画水时，要讲究用笔生动灵活，色彩衔接自然，才能表现水的特质与动势，如图18《梨树洲溪流》。

例图 20 **用湿画法表现水面**

●投影

有光线的照射，就会出现投影。投影在一幅画中起着十分重要的作用。第一、投影表现了一定的光色气氛；第二、它能把画中的景物自然地联系起来；第三、轻松、熟练的投影用笔，能活跃画面，使其更具生动性。

画投影要注意几点：

a.投影本身不是立体物，所以在画投影时，应追求一气呵成的效果。若是反复重叠，一则失去透明性，二则使投影产生实物感而失去真实性。

b.投影的形状取决于光源的方向和遮光物的外形。光源变化，遮光物变化，投影的形状也会发生相应的变化。在晴天写生，太阳从东往西运行，投影随时都在改变。故要尽量抓住理想状态下的投影形象，并要根据画面情况有意组织，切勿全盘照抄。

c.投影的色彩也是变幻莫测的。一般来说，其冷暖变化与承受投影的面之固有色有直接联系。比如投影在黄土地上可能是紫赭色，在草地上可能是蓝绿色，在水泥地面上可能是偏冷的紫灰色等，这需要写生者努力在投影中发现色彩，如图23《路边小屋》、图28《云溪老屋》、图33《赫曦台前的圆门》。

图 33

赫曦台前的圆门

Round Entrance in Front of Hexi Platform

48cm × 34cm

1991

这是一张快速写生，全画仅用了 50 分钟完成。

那天，阳光十分强烈。树叶在白墙上撒下富有变化的投影，我感到了一种强烈的光影气氛。

我选用 160 克的保定水彩纸，用B型铅笔快速地勾下了轮廓。为了尽快捕捉这种特定条件下的光影关系，我先画墙和墙上的投影。因为太阳光线在不断运动，应该抓住最理想状态下的投影形象。画投影时，不宜反复重叠、修改，要追求一气呵成的效果。为了墙和地面的统一，画完墙面紧接着画地，最后才画墙面上方的树叶。

自然界中光与影的关系，只有在写生中才能获得真切的感受。

图34 **梨树垮的雪夜** Snowy Evening in Lishu Village 63cm × 44cm 1991

此画是采用揉叠法而得来的特殊效果。

这原本是一张画坏了的画，我将其揉搓一团，并用力挤压，然后展开铺平。这时发现纸面产生了许多凹凸不平的折痕，这些折痕肌理，使我产生了表现《梨树垮的雪夜》偶然性构思。

我用深赭、熟褐、普蓝等色画房子的深色墙面，用粉质颜料点染明亮的灯光。利用这富有变化的折痕表现层层叠叠的梨树林，只有近景的几棵枯树是用水彩笔稍加勾勒而成的。

图35 **小屋阳光** Cabin and Sunlight 54cm × 39cm 2001

这是用一种国产的水车牌水彩纸画成的。为了表现上午的阳光，画面用色力求清新亮丽。用笔时，尽量减少重叠的遍数，除了投影处是用二遍画完之外，其余部位都是一遍画完。越薄越透明，这是十分浅显的道理。

画投影一定要果断用笔，过多地拘泥于细节定会表达不出痛快淋漓的光影气氛。

图36 **梨树洲小景** A Scene of the Lishuzhou 52cm×35cm 2010

这是炎陵县梨树洲一户人家的前坪小景。作画时先用灰黄色彩满涂于纸面，趁未干时画远景中朦胧的树木，最后用干画法表现木架、铁桶、小车等。这些随意摆放的物件使画面具有真实的生活气息。

九　水彩画表现技巧三要素

水彩画表现技巧的关键是处理好水分、时间、色彩之间的关系，只有把握好这种关系才能做到得心应手。故水分、时间、色彩被称为水彩画表现技巧的三要素。

在前面我们已经提到水彩画是水调颜色所作的绘画，那么水彩的各种技法，都和水的作用密切相关。水分的多少直接关系到色彩的厚薄浓淡，直接影响到色彩的明暗深浅。也可以说，水分的使用，是色彩效果体现的关键。

通过水彩画实践，我们可以发现水彩画在作画过程中的基本规律：在颜色中加水多，色彩的明度就高；在颜色中加水少，色彩的明度就低。事实上，色彩的明度改变，色相和纯度也同时发生变化。水的多少还影响到色彩的其他效果，明快、流畅、透明、饱满、虚实等审美因素也决定于运用水分的技巧。

我们所说的干画法与湿画法两种基本技法，实际是相对水的运用而言的。在干的色彩重叠过程中，画笔上带的水分要多，以避免用水过少而导致色彩干枯；在湿的色彩重叠过程中，画笔上带的水分要少，以避免用水过多而导致色彩苍白及色彩形状的不肯定。

可以说，画面的干湿不同，笔上带的水分多少不同，色彩就呈现出不同的效果。

在水彩画的表现过程中，如果说水分因素直接影响着色效果，那么时间因素就直接影响水分。因为，在上色时，什么时候要紧接前色，什么时候要等待；什么时候进行色彩重叠，什么时候进行色彩衔接；什么时候水要多，什么时候水要少；什么时候色彩浓度高，什么时候色彩浓度低，这直接影响着水分技法的发挥。为了阐述方便，我们将因水的挥发作用使纸面逐渐由湿变干所需时间称为水分挥发时间；着色时后一笔上色与前一笔上色的间隔时间称为着色间隔时间。水分的使用与水分挥发时间的长短以及着色间隔时间的多少紧密相关，而水分的挥发时间和着色间隔时间又取决于用水的多少。

在作画过程中，水分在纸上不断地蒸发，水和色也不停地进行渗化和扩散，水分蒸发的多少不一，水色渗透的程度不一，这就需要在时间因素上作慎密的考虑。

一般来说，在具体的操作中，对于水多色淡部分着色间隔时间可长，水少色浓部分着色间隔时间应短；追求明确肯定的形体效果着色间隔时间可长，表现朦胧模糊的空间变化着色间隔时间应短；表现具体的近景着色间隔时间可长，表现概括的远景着色间隔时间应短；表现明亮光照处着色间隔时间可长，表现背光阴影处着色间隔时间应短；在气候湿润的环境中作画着色间隔时间可长；在温度干燥的天气作画着色间隔时间应短……但是，这里的着色快与慢是相对的，在具体的操作过程中应灵活掌握。

如图26《老镇之晨》，该作品在上色之前，全纸打湿，由于纸内吸水多，水分挥发时间长，故在上色时，着色间隔时间宜长，有时甚至为了让其快干，则借助于电吹风加热促使其水分挥发，以便于逐渐深入，控制全局。而在图33《赫曦台前的圆门》中，由于在阳光下作画时水分挥发时间短，故着色用笔都需紧接前色，才能做到干湿衔接自然。

在图15《婺源老屋》中，先将天空的水分一直画到了建筑物的顶部，这时，远树的颜色必须迅速在湿的纸面上进行重叠。此时是湿的重叠，要注意笔上的含水不能过多，水份过多会造成水色渗化作用过强而失去形体的稳定性。有了恰当的水分还需要用恰当的时间去把握，在远树与天空交接处的重叠，一般来说，用笔越快越好，相隔时间越短越好。在表现近景时，墙面的投影、斑驳的门窗、晾晒的衣服、蓬松的小草，着色时间均可延长，甚至中途停顿。因为，在近景的大部分地方都是用干画法来完成的，而凡是用干画法表现的地方着色间隔时间没有过多限制，但必须让底色完全干透以后再进行干的重叠。如果过早重叠，画面上有的部分已干，有的部分未干，此时进行的干重叠，干底部分可以达到重叠加深的效果；但是在湿底部分，不但不能加深，反而会出现颜色被冲淡的效果。这样，由于画底的干湿不匀而导致出现水痕斑点、涩滞不畅的画面效果。

在作画过程中，除用清水打湿纸面的技法之外，任何时候的水分中总带有不同饱和度的色彩，色彩的浓淡深浅直接与水的含量相关。我们也应看到，不同质地颜料的水分挥发时间也不尽一致。我们曾做过这样的实验，即将两种不同厂家的颜料挤同样多置于纸面，结果干湿快慢有明显的差别。我们在颜料收藏时也发现，质量不同的颜料硬化时间也不一样，1990年代初一位国际友人送我几支外国颜料，10多年后还呈软状，可近几年买的某厂家颜料却已成固块。除了考虑颜料的质地之外，我们更重要的是要分析画面的色彩效果，不同的色彩效果需要不同的水分和着色速度。

在水分、时间、色彩三要素中，我们可以看到它们是互相制约、互相影响、互相联系的，其中一个因素发生改变，另外的因素也随之改变。比如，由于时间的推移，水分在纸面上不断蒸发，水多也会转变为水少，到了一定时间，水分则全部挥发。水多时，画面颜色显得浓郁；水少时，画面颜色显得清淡。但水分的运用和时间的把握都是在表现过程中体现的，最终的结果是画面的色彩。因此无论怎样把握时间与水分，我们要从表现对象的色彩需要出发。

画面的艺术效果是让色彩来说话的，实现色彩效果的媒介是水分，而控制水分的关键是合理把握时间。

图37 **市场归来** Coming Back from Bazaar 108cm × 79cm 1999

我们要承认一个事实，当我们注意某一个物体，就意味着这个物体的完整的外形及其清晰的结构从背景中脱离出来，因为我们的视觉焦点已瞄准了它。

这幅画面的主体是竹编的箩筐。表现竹编制品，要熟悉和理解其结构的特点。我在描绘箩筐的细节时，没有作平均对待，尤其在暗部用湿画法作了果断的概括处理。寥寥几笔投影表达了其略有变化的背景，在箩筐的中心部位却没放过具体的细节。不耐心的表现这些结构特征，总感表达不出那份浓浓的乡情。

尽精微，才能致广大；明妙理，方能行自由。我渴望以自己一颗感恩的心、虔诚的态度，去表现令我感动并让我在纯净中体验到的那个超然境界。

图 38

工地一角

A Corner of the Building Site

54cm × 39cm

2005

这是在校园工地的一幅写生作品。树的表现使画面带来了生机。由于近景的树叶亮，背景的树叶深，由浅至深的表现步骤在这里得到了充分的表达。以深色衬托浅色才能形成空间层次。树下堆放的施工木架使画面产生了真实的现场气息。

图 39

黔城西门

West Gate of Qiancheng

44cm × 35cm

1992

这是和 90 级学生在黔城美术实习时的写生作品。

听当地人说，旧时的黔城是非常美的，城的四周全是高高的城墙，并建有四个城门（东门、南门、西门、北门）。遗憾地是，唯有西门保存了下来，其余各门先后在不同时期拆毁。

图 40

小店一角

A Corner of the Small Store

90cm × 64cm

2001

路边的小店是我常表现的题材。这种店铺在乡下经常看到。

我用的是 300 克的手工纸，这种纸十分吸水。许多浓郁的颜色在画面干后都变灰了，好在这张作品中，这种色调与现场的情况十分吻合。

大概主人已离店多日，画面难免有几分伤感和凄凉之意。

图 41 **秋后乐安乡** An Autumn Day in Le′an County 75cm × 52cm 1998

秋收过后，乐安乡沉浸在丰收过后的气氛中。

尽管是十一月的日子，可村子四处绿色浓浓。此画用的是 Arches 水彩纸，吸水性很好。湿的重叠法正好表现了远景的濛濛雨意。近景的稻草需要细心地收拾，实中有虚的体面关系，是用干湿结合的笔法完成的。

图 42

墙下的陶缸

Pottery Jar by the Wall

75cm × 52cm

2003

在安徽西递，许多巷子尽端或院子角落常看到这种陶缸。听当地人说，这种陶缸常用来盛装菜地的肥料。

这张画是用扁头油画笔画完的。陶缸上口盖的白色雨布采用留白的方法完成，陶缸底部深色加入了少量煤黑，有了这些亮色和暗色，画面中黑白灰层次就较肯定地区别开来。

图 43
宏村之夜
A Evening Scene in Hongcun Village
75cm × 52cm
2002

2002 年 10 月，我带 2000 级学生赴安徽宏村写生。在那段日子里，几乎每天晚上和我的研究生在街巷中散步。夜晚很静，许多人家早已关灯就寝了，只有入口这条小街的店铺还做着小生意。

我没有用铅笔起稿，直接在画面上作色完成。第一步用土黄和赭石颜色画灯光及被照亮的部位，然后趁湿时用深色画建筑和天空，深色中加了很多煤黑及其他色彩，正是这些朦胧的色彩，表现了这里神秘的夜意。

图44 **渶湾镇夜市** Night Fair of Yingwanzhen 79cm × 54cm 1988

上个世纪80年代的长沙渶湾镇，每当夜色降临，就显得十分热闹繁华。下班了的人们三五成群，聚集在这总长不超过300m的老街上。有的在这些简易店铺里购买生活中急用的货品；有的围聚在夜宵桌旁，来补充一天劳累所消耗的能量；有的则是随意蹓跶，看看有什么新鲜事儿……这里，充满着浓郁的生活气息和古老风情。

表现夜景，就是表现朦胧，这是水彩画最擅长之处。

我主要采用湿画法来完成这件作品，让建筑、人物以及所有的这一切都处在一个梦幻般的色彩中。

画面上找不出一个非常具体的物象，其目的在于表现客观事物繁杂的表象下所掩蔽的内在本质，使画面减少画内实景而生化出无涯的画外虚景，让人产生由此及彼的联想。

图 45 **小杂房** Odd Room 52cm × 35cm 2010

在画面中形成一个趣味中心是形成画面聚焦感的最好办法，这幅画就是采用这种手法的具体例证。画面有意将地面与背景中的山墙处于背光与阴影之中，这样便于衬托路边小杂房的阳光感。也正是这种类似于舞台追光效果的表现方法，使画中的小杂房在画面中形成高潮。

图 46 **老店** An Old Grocery 54cm × 39cm 2002

画面的小亭是西递村一个美术用品专店，这是临走前在等车的 40 分钟内所作的写生。

当时，一束阳光射在院墙上，右边的高墙和中间的小店已近逆光，近景的地面处在大面积的阴影中。

小店前堆放着许多乱石块和木板，为了使它们统一在阴影里，着色时并没有刻意地表现它们的体面关系。

也许是感到时间匆匆，无论是表现背光处的墙面还是地面的阴影，快速的用笔尤感果断。

例图 21 **步骤一**

例图 22 **步骤二**

例图 23 **步骤三**

图 4 7 《静一斋之夏》

湖南大学静一斋，位于岳麓书院左侧，风景优美，远近闻名。1994 年，我在静一斋生活了一年，每天都觉得有处在画中之感。

这是一幅静一斋入口大门的写生。正是初夏，树木郁郁葱葱，不时传来小鸟的啼鸣，给人一种幽深的意境。

在着手画这幅写生之前，我反复从各个角度进行了观察。同时，进一步对景物内在的情调加深认识，以达到景物的形体、色彩、光线之间的关系，在脑海中获得初步的概念。在观察认识的过程中，心中似乎找到了一种难以捉摸的感觉。

我采用的是 180 克保定水彩纸。在用 B 型铅笔起稿时，力求做到夸张主要的美的部分，去掉那些与主题无关的琐碎东西。客观对象本身的远景实际上是很清楚的，我作了非常概括的处理。这样，既拉开了空间距离，又表达了一种幽深含蓄的情调。画中的建筑物很简单，但是，越是简单的建筑，勾轮廓时越要严谨。要特别注意墙体的比例关系、墙顶小青瓦的结构及其透视变化。

着色之前，我分析了对象的色彩关系。不难看出，这是一张典型的绿色调画面。同类色系形成的色调，要在冷暖关系上进行对比。同样是绿色，有偏冷的绿，也有偏暖的绿。

上色时，完全按照从上到下，从远到近，从亮到暗，从浅到深的步骤进行。

第一步：画天空。画天空时，笔上水分饱满，而且用笔要快。让天空的水分一直画到建筑物的顶部。并注意很小心地留出建筑物的轮廓。

第二步：画远景。趁天空湿的时候，用湿的重叠方法画远景。这时，笔上含水要少，含色要饱满，才能表现出既是虚的又有具体形象的远景层次。

第三步：画建筑。建筑是画面的中心。因墙面很亮，故用留白的手法来表现。对象本身的投影远比画面要多，减少投影的目的就在于让墙面有足够面积的亮色，使其突出。

第四步：画近景的树。用干重叠画法来表现近景的树叶，并注意用笔的变化。画右边的小树叶时，先用土黄、柠檬黄、深绿画树的受光部分，再画背光部分的重色。

图 47
静一斋之夏
A Summer Scene in Jingyi Building
54cm × 39cm
1994

图 48
林中小屋
A Cottage in the Woods
52cm × 35cm
2001

每逢秋天，岳麓山的色彩变得格外丰富。在表现色彩多样性的同时特别要注意其统一性。

画中的红叶是用纯赭石和橘黄色调成颜色水薄涂而成，趁其未干时用湿的重叠法表现其深色部位，用深色衬托浅色，用暗色包围亮色，这是突出前景常用的方法。

图49 **建筑工地的民工屋** The Work Shed in the Building Site 54cm×39cm 2000

2000 年，校园里到处是建筑工地，修宿舍，建教学楼，好一派发展气象。图中表现的是建筑工人所住的宿舍。画面采用干湿结合的方法，以湿画法为主表现远景及中景的树，以干画法为主表现富有变化的民工屋。其实，现场更杂乱，我将它一一简化了。

图 50 **庐山冬雪** Scene with Snow in Lushan 52cm × 35cm 2008

2008 年 2 月，我国南方发生了百年不遇的冰灾。作为画家，既体验到了自然灾害的严酷，又感受到了冰天雪地的壮观。也正是这个时候，我应庐山手绘特训营的邀请，与来自全国各地的同学们在摄氏零下 10 度的气候中度过了一段难忘的写生光景。

这是一幅为同学们的写生示范作品。我用的是 200 克水车牌水彩纸。良好的纸质吸水性能很适合于表现雪中远景的朦胧。在写生过程中，突然一道强烈的阳光射到眼前的景色，我迅速地用干重叠画法表现了雪中屋面上明确肯定的投影。

图 51
杂房一角
A Corner of Odd Room
40cm × 30cm
2010

这是一堆很不起眼的杂物，随意堆放的一切让生活具有浓郁的乡土情调。光影效果使画面形成了明丽与清新的气氛。

画面没有作过多的细节刻画，尽量追求酣畅淋漓的意趣。

图52 **后院阳光** Sunshine Over the Backyard 72m × 52cm 2007

那是一个阳光灿烂的日子，我们来到浙江丽水一个美丽的山村写生。这里的农民十分纯朴，他们的热情招待使我们很受感动。在一户农民家里午休息片刻之后，我发现他家后院的石台上搁着许多破损的花盆。农民养花不像城里人那样对花盆的刻意计较。在农民家里，脸盆、菜坛、陶罐都可以成为养花盆，也正是这样，更强化了我感到的一种原始而又随意的生态美。

画面着意表现阳光下的破损花盆及已经枯萎的花枝，尽管主题似乎有些惨淡，但明丽的阳光仍使小院表达出浓浓生机。

图 53 **岳麓书院小景** The Scene of Yuelu Academy 52cm × 35cm 2010

2010 年 10 月，我与环境艺术专业 09 级的学生在岳麓书院上水彩写生课，书院的风景是我们反复表现的主题。这是一张给学生的现场示范之作。

投影在画面中产生了十分重要的作用，轻松、熟练地投影用笔，使画面更具生机与灵动。

十 关于“白”与“黑”的思考

在油画和水粉画中，白色是用白颜料覆盖于它色之上来体现的。而在水彩画中，白色是靠留出水彩纸本身的底色来体现的。有人认为，每幅水彩画中至少要有一处是纯白，这样，才会使画面亮丽、清晰。但达·芬奇曾说过：“一幅画中最白的地方要像宝石那样可贵。”意即最白的地方在画面上是极少的，所以，一定要谨慎处理留白处。

在水彩画中“留白”的方法也是水彩画特有的一种技法。一般来说，水彩画的亮部、高光以及白色物体都是利用画纸的底色（白色）来表现。水彩画的“留白”与中国写意画中的“留空”有很相近的地方。中国写意国画，自宋代画家马远运用大片的空白来衬托气氛、突出主题的艺术手法以来，历代画家不断完善，已形成了一种独特的艺术手法，称之为“计白当黑”。水彩画则根据其材料工具的特点和需要出发，运用了“留白”这一艺术手法，来补足水彩画颜料不便于用白颜料覆盖大面积它色的局限性，有效地表现客观世界。

水彩画的“留白”与中国画中的“空白”不完全相同，但有很多相近之处。表现阳光照射的墙面，表现湍急奔腾的浪花，表现飘浮亮丽的云朵，表现青草绿地中的白花，如果留白就让其亮到极致，白得强烈。如图2《理坑大院》、图3《秋日·阳光·农家》、图9《门前的竹篓》、图25《静一斋小景》、图33《赫曦台前的圆门》、图47《静一斋之夏》、图75《篁村老屋》、图83《鸳源河畔农家》等画面都是通过“留白”的方法表现阳光下的白墙。图32《梅城南桥堍西眺》则是通过“留白”的方法来表现流水泛起的小浪花。

可以说，水彩画中的高光处，明亮处都是靠留白的方法来表现的，它不同于水粉画和油画的加白色提亮。所以，画水彩画时，哪些地方该空白，应考虑周到，空得恰当才能生动。千万别随意乱空，以免造成花乱琐碎，失去整体感。

在表现过程中，有时为了求得浅色的亮丽效果，采取先

图 54

小巷深处

The Inside of the Lane

79cm × 54cm

1993

这是一幅用纯黑色作画的典型实例，画幅上方用了纯煤黑颜料来表现老巷深暗处，这些大块暗色和屋面天窗落下的一道白光形成的强烈的对比，使画面产生了一种古朴、神秘、幽深的意境。

例图 24 **用白色颜料表现的雨伞**

留白后上色的方法进行。如：图 2 5 《静一斋小景》、图 3 3 《赫曦台前的圆门》中的白墙、图 3 1 《小河阳光》中的近景树叶，都是在表现过程中，先留白，然后再薄施淡彩，以求其明亮的光照效果。

留白时，有干底留白法和湿底留白法两种主要方法，干底留白法所留白色边缘明确肯定，湿底留白法所留白色边缘模糊虚远，作画时，应根据具体情况灵活掌握(见例图 19、例图 20)。

水彩中的白颜料是很少用的，甚至有人认为，水彩画着色时禁用白粉。但是，作为一种颜料，我们不能完全排除它。早在 19 世纪中叶，西欧不少水彩画家在调色时就喜欢加入白粉。如英国水彩画家透纳（Turer），布朗文等的作品，都不同程度地使用了白色颜料，白色颜料运用得好，有不少优点。如风景写生作品中，在远山的颜色适当调入白粉，可以增加色彩的透视感、远山的浑厚感和空间感。

图 1 5 《婺源老屋》，笔者在画远树的颜色时，用普蓝、青莲、赭石、土黄等颜色调白色颜料画成，以追求一种浑厚而又轻松的肌理感；图 1《城外有条河》的深色上的白色钢绳，例图 24 街景中行人的雨伞，图 77《门前水缸》里的水管等均用它色加入了白色颜料表现，或完全用纯净的白色颜料勾勒细线。因为，这些白色颜料在画面中，只不过是一条细线或是一个很小的面，不会对画面的总体透明特性产生影响。

黑色颜料在水彩画中也是一种被人关注的色彩。过去的水彩画中，一般很少用这种颜色，认为它没有色彩感。其实，黑色颜料在水彩画中不仅可以单独使用，而且还能够调合其他颜料使用。用得恰当，可产生很美的色彩效果。但黑色的染色力是极强的，容易在画面上产生污浊之感，使用它时，千万别过量。

图 37《市场归来》、图 42《墙下的陶缸》、图 43《宏村之夜》、图 54《小巷深处》、图 59《母与子》、图 79《老家的菜篮》的深暗处几乎是用纯黑色来表现那种特有的意境气氛。

我国画家不但对单独用黑作画有很高造诣，而且，用黑（墨）调其他颜色作画也积累了宝贵的经验。元代山水画家黄公望曾说："画石之妙，用藤黄水浸入墨笔，自然润色，不可多用，多则滞笔，间用螺青入墨亦妙。"在西洋绘画用色上，早在中世纪之初就有使用黑色和其他颜色混合作画的历史，西方现代水彩画里也常使用黑色进行创作，所以，我们在进行色彩表现时，不应把黑色排斥在色彩之外。

一幅画中有白，也可以有黑。色彩学家认为。世界上没有绝对的白，也没有绝对的黑。无论"白"得如何亮，或"黑"得怎么暗，它都带有某种色彩倾向。但是，在具体的画面上，可出现夸张的白和夸张的黑。

图 55
河畔农家
Riverside Farmhouse
52cm × 35cm
2010

这是在江西婺源沱川河边的一张写生。表现建筑与环境，应抓住整体气氛，若是局部照抄，再精细的刻画也会无济于事。只有对复杂的景观事物善于归纳与取舍，才能进入艺术的思维状态。这件作品即是在这样一种创作意识中去追求物象的整体气氛。

图 56
下南山老屋
Old Houses in Xiananshan Village
54cm × 39cm
2003

下南山位于浙江丽水大港头，这里依山而建的许多老屋，大多是清代的建筑。富有历史感的土墙已显得略带倾斜，墙上的裂缝已上下贯通。许多这里的居民已迁至山下的新房。步履其间，深感旧时代留下的沧桑。

十一　别把画坏了的作品扔掉

我们在平时作画的过程中，经常会由于各种原因使画面达不到理想效果。很多人一气之下，把作品撕掉或扔掉，其实，这不是一种好习惯。一张作品的成功与否与很多因素有关系，如作者的绘画技巧、立题立意、形式感的体现，作者的审美标准及当时的心态等。而这些因素都有可能在以后的日子里发生变化。

即使一张作品已完全不可收拾，甚至于彻底放弃了改进效果的希望，我们也不要立即毁掉。一方面，分析一下失败的原因，为下一次的创作提供教训；另一方面在当时也可能是过激行为，等以后心态平静下来时，说不定你又产生了挽救残局的欲望，重新来评价所创作的作品。图57《高墙深巷》原画作于1984年，当时墙面几乎没有细部变化，单纯用水喷洒出一种特殊肌理效果，感到画面很空。事隔十年之后，我又从画柜中将这张画取出，再一次冷静地对画面进行了分析。我用笔在门的附近部位洗出了一些砖瓦结构，又将地面洗亮了许多，并注意增加了一些色彩变化，就成了现在这张作品。

图58《边城阵雨》，这是一幅在风雨中完成的作品。全画进度不到一半时，很多学生的画面被雨水冲成不可收拾，也有人将画扔到河中被水冲走。当时，我的画面不断被雨点冲击，不断地形成水流在画幅上流动。我沉住气在雨中表现边城那独有的雨意，用羊毛刷顺势上下扫动，并用大白云笔表现该有的结构，最后画面上出现了许多预想不到的效果。

图85《深秋季节》原本画的是一个村庄，确实效果很糟。我改变了主意，用浆糊调色在原画上进行覆盖。因为原题材表现不成功，故后画时胆子更大，更随意。浆糊色和原画的颜色混合作用，使原画形象面目全非。我改变画板的倾斜度，让浆糊色向各个方向任意流动。有趣的肌理产生了，好像森林中各种丰富的结构变化。根据这偶得的效果，我适当增补用笔，使画面完整。当这件作品在“首届全国水彩画展”中展出时，不少观众对其特殊效果产生了较大兴趣。

图 57 **高墙深巷** High Wall and Long Lane 79cm × 48cm 1984

1984 年春，我画了这堵用青砖砌成的高墙。当时，采用了喷水法的技巧来表现墙面的斑驳质感。可画完后，总觉得效果不理想。一则地面太黑，二则画面缺少细部变化。1995 年夏，我在清理自己多年的画作时，又将此作品拿出来进行画面改进。先用油画笔洗出了墙面浅色的砖块，后又将地面的颜色洗亮许多，并在墙面、地面适当增补用笔，就成了现在的效果。

图58 **边城阵雨** A Showering View in the Bordering Town 79cm × 54cm 1992

这张画是在风雨中写生而成的。其实最初着色并未下雨，只是画成不到一半时，突然暴雨倾盆，很多学生的画面因成为残局难以收拾，也有人将画扔在河中被水冲走。和我一起来写生的人不少跑回旅馆或赶到路边店铺中躲雨去了。我没有走，我想，在雨中画雨才能表现真实的气氛。说不定还会出现某些特殊效果。

雨点飘落在画面上，不断地形成水流往画幅下方走，有些颜色冲跑了，我不时用羊毛刷顺势上下收拾画面，用大白云笔表现建筑的结构，沉住气在雨中表现边城那独有的浓浓雨意。

在我的写生生涯中，曾有多次面对如此难以收拾的局面。其实，在很多人看来可以半途而废的画面也许经细心收拾后也能成为完整的作品。

感谢有两位同学始终为我撑着雨伞，雨点落在伞上砰砰作响，我们三人的衣服全湿了。

图 59
母与子
Mother and Son
79cm × 54cm
1992

一头母牛，一只牛犊，正以渴望的神情等待主人给它们送来食物。我用比较写实的手法来再现这个细小的情节。

要画出这么多复杂的东西，无疑需要加以精心地概括。先用一支毛已发叉的破毛笔画出牛头上的毛，很耐心地勾出牛眼、牛鼻、牛绳等细节，然后画牛栏的各种木方结构。从牛栏上方吊下来的陈年稻草用湿画法表现，地面的湿稻草用大白云笔反复重叠画成，再用小刀刮出了少量浅色稻草。母牛背部一片深色几乎是用煤黑平涂，这块概括的深色可以说在明度对比和虚实对比上起了至关重要的作用。

2006 年 7 月，我与一位研究生驱车来到长沙郊外写生。这儿到处可见适合水彩画表现的构图。画面表现的是村部某厂入口小景。厂区内到处都是非人工化生长的树木，它们自由随意的姿态以及饱满夺目的绿色提示着我们轻松的用笔与用色。

图 60 **村部小厂入口小景** A view of the Entrance into Country Factory 72cm × 52cm 2006

图61　**印度瓦拉纳西小市**　Varanasi market in India　40cm × 30cm　2010

印度瓦拉纳西是印度恒河旁的城市，这里充满着浓郁的异国情调。我采用阿诗300克水彩纸，结合宽笔表现建筑的体块感。画面采用干画法为主，力求在果断的用笔中表现整体色彩关系与空间构成意识。

图 62
老树
The Old Tree
39cm × 28cm
2009

这是与 2008 级环境艺术专业在校园上水彩课时的一张示范作品。岳麓书院内外有不少古树，写生时应用心表现其体量关系。为了让主体得到突出，概括地表现远景中许多杂乱的色彩，并且用干画法表现古树的树叶和塑造主杆的结构特征。由于树杆呈圆柱形，则表现其投影时应顺其转折用笔，这样才能画出其体积变化。

图 63 **被拆的静一斋** Dismantled Jingyi Building 72cm × 52cm 2008

湖南大学静一斋是建于 20 世纪 50 年代的教工宿舍，21 世纪初学校决定拆除该建筑。在此修建中国书院博物馆。当我背着画架来到这废墟般的院子时，心中顿时感到一种莫名的失落。这些年来，我常有这样的思索：在不断地城市拆建进程中，在新与旧的交错中，到底哪方更具有存在的价值？

画面没有刻意表现精到的细节，用大宽刷迅速捕捉晨光中因拆除而略呈倾斜的建筑形态，心中念念有词：静一斋呀，这是带有永别意义的写生。

十二　将每次写生都当成创作活动

习作和创作，本没有截然界线。不少人认为：习作是初学者进行基本功训练的作品，习作过程是一个打基础的过程。而创作则是画家在掌握了基本技能的基础上，结合自己的艺术主张、思想感情来进行更高阶段、更深层次的艺术表现。

是不是所有对景写生的作品就为习作，而不算创作呢？写生一方面是作者练习基本功的重要手段，但它不仅限于此。事实上，作者在写生过程中已经不同程度地加进了个人的主观意识，同时也融入了个人的艺术处理手法。在艺术表现的过程中，既没有绝对的客观，也没有绝对的主观。所以，笔者认为，没有孤立的习作。广义的艺术创作存在于整个艺术活动的全过程。

19 世纪末，法国的印象主义画家们就主张在室外写生时捕捉不同时间、环境、气候等客观条件下光与色的关系。他们把画架立在野外，从事写生，他们的作品是在写生中一气呵成的。今天，这些作品已成了传世之宝。除了印象派画家外，世界各地不少画家的代表作就是直接写生的作品。甚至有的画家一辈子都在写生。纵观美术史，从来不以这是写生画，那是创作画来区别绘画作品的高低，而是以该作品艺术感染力的程度来评价作品的优劣。根据以上观点，我们把写生的意义已提到绘画艺术的高度来认识：我们的写生活动就是创作活动。

艺术家在创作艺术作品时，总是借以客观对象——景来表达作者的主观感受——情，而写生作品则是艺术家主观的心意与客观对象相结合的产物，这是景和情的结晶，也就是我们常说的情景交融。“情与景会，意与象通”，可见艺术作品是主观和客观相揉合，相渗透的产物。

现实美是美的客观存在形态，艺术美是这种客观存在形态通过艺术家主观反映后的产物，它是美的创造性的反映。有人曾这样指出：现实美属第一性的美，而艺术美属第二性的美，艺术美是艺术家创作性劳动的结果。艺术美与客观实际的形态美相比较，它具有“更高、更强烈、更典型、更理想”的特点，即我们平常所说的：来源于生活，而高于生活。

我们常说，一幅好的艺术作品，要看其内容和形式是否完美地结合。所以，在艺术创作中，要捕捉最能表现内容的形式，这是艺术家最艰巨的任务。这种对于恰当表现内容的形式探求，不等于形式主义。其实，形式的贫乏往往起于内容的贫乏，而单纯追求形式的倾向，往往起于对内容缺乏认识和理解。好的形式取决于对客观事物反复观察和表现的结果。这里牵涉到艺术家在反映客观外界的同时，怎样融合个人的思想感情。也就是说，艺术家在艺术生产中物化了艺术家个性和他的个性特点，意即艺术作品中有艺术家自己。

因此，艺术家应该具有较高的艺术修养和审美情操，这样，他才能在面对客观景物写生时，捕捉那种种可意会而不可言传、难以形容却动人心弦的本质内容，才能表现客观事物繁杂的表象所掩蔽的内在本质，使写生时的画面减少画内的实境而生化无涯的画外虚境，使人产生由此及彼的联想。

图 64 **临时工棚** A Temporary Work Shed 39cm × 27cm 1988

我们对客观景物进行艺术处理，首先体现在对景写生的整个过程当中。客观景物是包罗万象的，甚至是零乱琐碎的。这就要求我们根据对象作概括性和有选择性地表现。有时甚至有意改变对象的形态关系，使其更符合艺术美的规律。另外，艺术创作活动也体现在写生活动之后的整理。在对景写生时，可能由于各种原因使画面很难周全，致使画面难以达到最理想的效果。这时，须对写生作品作进一步加工整理。事实上，这一阶段主观能动性更大，但不要急于下手，要针对画面作一番深思熟虑的分析后，再决定具体的实施方案，这样才会使通过整理的画面比原写生作品立意更深刻。有的画家在写生时，到后阶段故意留有余地，待过些时间后再进行处理，其目的就在于让最后阶段完全摆脱客观对象的束缚，最大限度地加进艺术家本身的主观意识，使画面更具有艺术感染力。我们在进行绘画形式的处理时，我们常常离开具体对象去思考与客观对象不一致的抽象元素，这样做的目的，是从客观事物的一般性质出发，去挖掘事物形式构成的抽象成分，也就是说，在表现具体事物的绘画中也并不妨碍艺术家去实现抽象的形式。反过来，在经过艺术处理的具有抽象形式的写生作品之中，依然找到具体的客观还原元素。

我们知道，在西方形形色色的现代美术作品面前，无论艺术家怎样体现其抽象成分，我们都能不同程度地去找到现实世界的景象元素。即使是20世纪最伟大的现代主义画家毕加索抽象的立体主义作品也能寻找到客观世界的具象因素。

有人曾经给绘画下过这样一个定义：绘画是艺术家借助于特定的物质媒介，将内心的观念、意向、情趣转化为可视的艺术形象来体现的。不同的工具、材料决定其表现形式的千差万别。既然水彩画是以水作媒介，那么，与其他画种相比，具有的独特之处是能够利用水的作用来发挥创作的各种途径。水和水的交接，色和色的渗透，呈现出一种畅然自如的艺术效果，其画面的优雅灵动、透明清新体现了特有的色彩神韵，有时在绘制的过程中，经常出现一些预料不到的色彩效果，正是这些与客观对象不一致的抽象元素，却在画面上具备了其特殊的意义。可是，我们往往忽视了其在画面上存在的价值，经常出于习惯的原因在画面上消除这些偶生因素，在这些偶生因素上继续画出具体形象，甚至于加上一些多余的细节，破坏了生动自然的画面效果。

在《艺术问题》中，苏珊·朗格曾这样指出："艺术品本质上就是一种表现情感的形式，它们所表现的正是人类情感的本质。"而绘画正是由物质材料、语言形式、精神意蕴三大元素构成。它们相互渗透和依存，而其中画面的精神因素应该居于主宰地位。康定斯基也曾说过这样的话："艺术是属于精神生活的。"所以，我们的水彩画家应该是把从客观对象所体验的、感受的、渴望的、激动的、迷醉的、理解的从画面中体现出来，有了这种创作意识，我们才能借客观对象来表达艺术的感情世界。

在进行水彩风景写生时，虽然我们面对的是客观具体对象，但我们要学会以抽象的眼光去感受对象，比如画建筑物时，窗口和墙面的感觉是虚和实的对比，深和浅的对比，是凹和凸的对比，而正是这种虚与实，深与浅，凹与凸使我们得到许多抽象的体验，这样我们的画面中所表达的就是这些说不清的抽象意念的构成。

我们知道，水彩画的语言是非常广泛的，这也带来了其丰富多彩的创作形式。历史上有过许多象威廉·透纳（Joseph Mallord William Turer,1775—1851)、理查德·帕克斯·博宁顿（Richard Pardes Bonington,1802—1828)、约翰·康斯泰勃尔（John Constable,1776—1837）等这样一批擅长描写气势宏大的古典主义水彩画家，也有像安德鲁·魏斯(Andrew Wyeth)这样刻画极其精致，感人至深的当代现实主义画家，他们都以严谨与生动并存的基调打动了人们的心灵。他们的作品之所以能在水彩画的历史上如此震撼时代，根本原因是他们在表达客观对象的同时所体现了强烈的创作意识。在当代有影响的水彩画家中，他们也是尽力在作品中发挥主观能动性。但是，我们也应看到在水彩画坛上，许多水彩画立意肤浅，构图简单，技法平平，缺乏激情，给人一种"逸笔草草"的随意小品之感，这要归咎于水彩画家创作意识淡化的结果。

伟大的现实主义农民画家米勒（Jean Francois Millet,1814—1875)曾说过这样一句话："任何艺术都是一种语言，而语言是用来表达思想的。"水彩画也不例外，要将每一次写生当作创作活动来对待，在构思、取材、技法等各方面挖掘其内在的精神关系。因此，写生的过程应充满组织的意识，这种组织就是创作的核心内容。"来源于生活而高于生活"的道理也就蕴藏于其中了。

图65 **永州潇水河畔** The Riverside of Xiaoshui in Yongzhou 72cm × 52cm 2001

2009 年 3 月，有幸去永州与湖南科技学院的美术教师一起驱车郊外写生。那些日子，每天都沉浸在自然美景的陶醉之中。

全画用湿画法为主，并快速用笔。速写性的捕捉光与色的即时即景关系，需要敏捷而又热情的表达。

图 66　**小杂屋**　A Hovel　40cm × 32cm　1989

这画是与学生们上水彩课的一幅示范作品。

画面采用的是进口莱顿水彩纸。为了让学生掌握初步的技法，表现过程更多的采用干重叠方法完成。一气呵成的投影表现能给画面带来生动性。因为投影自身在不断变化，所以，刻意照抄投影形态是徒劳的，完全可以根据画面需要进行理想组织。

图 67

庐山周恩来故居

The Museum of Zhou Enlai in Lushan Mountain

54cm × 40cm

1997

1997 年 10 月，带 95 级学生上庐山美术实习时所作。该画也是这次实习的第一幅写生作品。

记得那天，阳光强烈，秋天黄色的树叶在日光照射下显得特别艳丽，给人一种色彩上的冲动。

我用 B 铅笔勾好轮廓，然后用快速的用笔来表现房子上方一大片富有动感的树叶。

画树叶时，我主要用土黄、藤黄和橘黄几种颜色来表现明丽的秋色，用干画法为主来表现建筑。并使墙面加强了明暗对比，使白色建筑成为画面上的视觉中心，恰到好处地表达了其主题立意。

图68 **篁村老屋** The Old House in Huangcun 52cm×35cm 2010

在所有的色彩当中，紫色系最能表现神秘意境。那天下午去篁村正是感受到了这样一种紫色调带给我们的意境气氛。

画面中以湿画法为主表现天空、远景、建筑的关联性，再加上统一的色彩倾向，更加强调了客观物象浑然一体的整体效果。

图69 **少林寺古树** The old tree of the Shaolin Temple 72cm × 52cm 2006

河南少林寺，是我国久负盛名的佛教寺院，也是少林功夫的发祥地，位于登封市西12km处的嵩山五乳峰下。这儿古树参天，庙宇成片。在阳光灿烂的日子里，光影气氛统一了整体环境，让人有心旷神怡的神秘体验。

作此画时，没有拘泥于表现古建筑的繁琐细节，着重捕捉光色之间的灵动与闪烁。

图 70　**农村小景**　The Scene of Countryside　52cm × 35cm　2010

此画作于长沙郊外农村。我先用浅色表现农舍前的受光树叶，再用背景中的深色去包围浅色，正是色彩的明度对比使前后空间形成了距离。

图71 **沂溪河畔** A View by the Yixi River 72cm × 52cm 2009

沂溪河是我家乡的母亲河，流经大福、马跡塘，最后汇入资江。沂溪河清澈见底，两岸树木成荫，沿河而下，无处不是水彩画般的诗情画意。

在上色的过程中，先用大量的颜色水画天空和水面，并用湿的重叠技法画远景，最后用干画法表现树枝及路面的投影。

图72　寒冬　Severe Winter　40cm × 37cm　1990

图73 **安化乡村老墙** An Old Wall in Village of Anhua 52cm × 72cm 1994

此画作于1994年。那时去安化采风，发现了大量受梅山文化影响的传统建筑形式，那种凝重的色彩以及神秘的宗教感觉使我在调色盘中多调入了黑褐色。那一刻，常见的秀美和典雅顿时消失，苍老与悲壮取代了过去惯有的审美取向。

图 74

张谷英村老屋

A Roadside Cottage

54cm × 39cm

2004

这是张谷英村村口的老屋。大概是因为村里民居改道的原因，将这幢用泥砖砌成的农家住宅拆成了现在的样子。我对村上的人说，以后再不要轻易毁掉这些富有传统风格的老屋，以保持这里独有的民居建筑特色。

画面用湿画法表现天空及远景，用较多的干重叠画法表现老屋的残缺结构。颜色是深沉的，也正是这种色彩才能再现这里凝重而又古老的乡村风情。

图75 **篁村老屋** The Old House in Huangcun 52cm × 35cm 1989

这是婺源沱川乡篁村的写生。画中的建筑已有200多年的历史，虽说陈旧，但仍然可见当年建筑形态带给大家的壮观感受。

表现过程中以湿画法为主一气呵成，湿的重叠画法让画面充满着雨后的清新及建筑之浑厚意境。

图 76 **土耳其海湾风光** Turkey Bay Scenery 72cm × 55cm 2008

在土耳其那些日子里，滨海古典城市风光让我们感到强烈的异国情调和中世纪的宗教意境。统一的红色屋顶以及高耸的古塔，让我情不自禁地用湿画法去捕捉这略写模糊的整体气氛。

图 77 **门前水缸** Pottery Jar in Front of the Door 72cm × 108cm 2005

《门前水缸》一画是用白卡纸画成的。虽说用的是水彩颜料，但采用的是厚涂的方法。由于水缸是用水泥浇筑而成，斑驳的肌理需耐心塑造。起伏的水管是用白颜料采用覆盖方法进行表现。全画进行了多次重叠，客观对象丰富的变化令我有一种背叛水彩画一贯坚持的薄色主张。

图 78　**老家的菜篮（一）**　A Hometown Vegetable Basket　79cm × 54cm　1993

《老家的菜篮》（一）、（二）

我从小生活在农村，而且是湖南偏远的山区。多少岁月，我的祖辈们在那片几乎与世隔绝的山沟里，脸朝黄土背朝天，年复一年地辛苦劳作。是他们创造了那种纯朴的民风，造就了山里人那种死不屈服的倔强性格和生活毅力，也创造了那说不清、道不完的古老传说。这一切，成了生活中一道神秘的风景线。

20 多年以后，我从城里回到了那生我养我的故乡，带着画家特有的眼光去追寻从空间、时间都远离城市文化的那种生存方式，去寻找艺术创作的源泉。老家那斑驳的墙、低矮倾斜的木屋、挂在堂屋墙上的手提油灯、菜篮、门前杨柳、湾口的老樟树……这一切，使我产生了一种从未有过的创作冲动，我要用手中的画笔去表现这久远而又即将失去的一切。

带着这样的心态，我萌发了创作《老家的菜篮》的构想。

图 78、图 79 表现的是两个十分普通的菜蓝，一个搁在墙脚边，一个挂在砖墙上。阳光是十分强烈的，浓黑的投影落在那粗大却又显得有些枯朽的立柱上，撒在那用泥砖砌成却显得有些斑驳的墙面上。尽管对象的细节是那么琐碎，在光的照射下，却显得那么整体、概括。在表现由景物所产生的复杂情感积淀中，我不由自主地用艺术的激情追求画面的洒脱和利落，追求概括与具体的强烈对比。并且，采用稳重、平衡的特写构图使画面产生一种宁静、空寂的情调和浓重的古老风情。

图 79
老家的菜篮（二）
A Hometown Vegetable Basket
54cm × 79cm
1993

图 80 **保定村人家** Dwellings in Baoding Village 54cm × 39cm 2003

图 8 0 《保定村人家》

离丽水大港头“在水一方”美术实习基地仅 1.5 公里的保定村，建筑大多数建于清末民初时代，还有部分街巷具有更早的历史。

这幢小房子位于街尾，我使用的是 220 克保定水彩纸，画面力求用最少的遍数去表达明丽的阳光和清新的空气。

图 8 1 《秋收时节》

2002 年秋，我和我的研究生一行 13 人来到安徽黟县西武乡关麓村采风，大家都为这里浓郁的传统文化以及富有特色的农家院落感到格外兴奋。

我们看到一户农家门前的木架上摆放着竹篮和木盆，阳光十分强烈。大家都被这富有浓郁地方特色的皖南情调所激动。我先画光的颜色，然后用大排笔果断地画下投影，任何时候画投影，切忌含糊犹豫，强烈的光影需要肯定的用笔来表达。

图81 **秋收时节** A Scene of Harvest Season in Autumn 75cm × 52cm 2002

图82 **麓山放鹤亭** Free Crane Arbour in Yuelu Mountain 72cm × 52cm 2007

麓山放鹤亭离爱晚亭仅几十米远，始建于宋代。

每逢秋天，放鹤亭在层林尽染的红枫怀抱中，更显深邃的古意。用水彩表现秋色，要注意抓住整体的色彩气氛，干湿结合的用笔以及强烈的冷暖对比带来了丰富变化中的统一效果。

此画作于沱川乡三溪口，当时给2010级环境艺术研究生作的一幅写生示范。那天，阳光灿烂，使画中小屋显得格外突出。在具体表现时，中央小屋采用留白的方法而形成高潮，背光与阴影中的院墙采用重色湿画法，既让深色中体现透明之感，又让暗部处具有色彩倾向。

图83 **婺源河畔农家** Riverside Farmhouse in Wuyuan 52cm × 35cm 2010

图84 **老镇** The Old Town 52cm × 72cm 2000

小时候学画时曾问同伴，世界上什么颜色是最美的，他们的回答是世界上黄色和紫色是最美的。后来才明白，当时的问与答皆是幼稚的表现。因为在所有的色彩中无所谓哪种美，哪种不美，整体的色彩美取决于色彩的组合关系。尽管明知当时无知，在幼小的心底里对黄与紫却产生了深深的眷恋。在城市生活许多年后，回到了家乡，面对陈旧的老镇土楼，于是又回忆起了童年时关于色彩的对话。无论对还是错，我要用儿时对色彩的原始认知实现心中的情感，用世界上最美的色彩去表现家乡的风景。

于是就有了画面上如此跳跃的主观色彩。

图85 **深秋季节** A Scene in Late Autumn 40cm × 40cm 1984

二十五年前的一个傍晚，我用胶水与淘米水调颜料作了此幅表现深秋的水彩画。当时确有几分戏弄式地在画面摆布色彩。颜料与胶性物的混合，使色彩产生自由流动形成了许多偶然性的效果，作画过程使我并存着一种无所顾及的自由。在一次水彩艺术座谈会上，不少同行都对此画的意外收获给予了肯定。之后，又入选了“全国首届水彩·粉画展”。这么多年过去了，当理性的思维进一步走向深邃，程式化的严谨在不断模数化的同时，是否在我们的追求中又多了一些刻意而失去了艺术创作本应保持的舒展与轻松呢？

后记

水彩画是一个非常古老的画种，由于它的工具、材料简便，表现形式灵活多样，具有清新明快的独特艺术魅力，从而受到现代人普遍喜爱。

一般来说，人们把水彩艺术说成是一个舶来画种，但若考查起来，我国也有类似水彩艺术的写意中国画。我们能很快接受这种绘画艺术的主要原因是因为它符合我们民族的欣赏习惯和审美趣味。

国外有的画家将水彩画誉为富有魅力的画中女皇，并用其他种种比喻描述水彩画的特性。水彩画的魅力来自它独具的表现技法。水彩画的技法很多，同一技法在运用中也富于变化，因此，要得心应手地掌握它并非易事！

作者在广泛接触青年朋友以及在自己多年来的美术教学和艺术实践的过程中，得到了一个最深刻的体会：学习艺术，最重要的是使初学者学会怎样向生活学习，向自然学习，帮助他们树立起正确的艺术观念。我出生在一个偏僻的山乡，从小就对自然怀有真挚的感情。我常以小学生般的态度去寻找对大自然的各种感受。当我面对一山一水、一草一木去探寻艺术的真谛时，我的心灵变得更纯洁，我的眼界变得更开阔。我深深感到：大自然就是最好的教师。

我常对我的学生说：学绘画，先学会做人！这里包含着极其广泛而又深邃的含义。这里牵涉到怎样对待他人，对待自己，对待生活，对待艺术。法国雕塑家奥古斯特·罗丹曾经这样说过："艺术家唯一的美德就是聪颖、专心、诚实和意志。要像真正的工人一样认真地从事您的劳动。"

本人抱着这样一种难以语言表达的心境写了这本水彩建筑风景写生技法。书中除了谈到一些水彩画最基本的理论外，还结合自己大量的教学示范作品来阐述各种观点，力求引导初学者将思维的触角伸向多维的空间，以开发创作意识、培养正确的艺术思维方法。假如通过此书能给读者一些启示，并使他们从中得到一些愉悦的艺术享受和健康的情操陶冶，则是我最大的慰藉。

作为一个从事艺术教育多年的教师，我常想，教美术并不等于使每一位学生都学会那些刻板的技巧，而是要从学习中陶冶心灵，提高修养，升华境界。看古今中外，任何一位伟大的设计师同时是一位伟大的艺术家。因而可以得到一致的看法：一个好的设计成果的产生是依赖于艺术的思维与创造而得以实现的。在计算机如此普及的现代社会，越有必要让每一位学生加强美的训练与熏陶。无论是教师还是学生，如果真正在这一意义上达成共识，那么，对艺术的态度，对生活的认识，也就会进入一个更加崇高的境界。

本书出版之际，我想借此机会感谢湖南大学建筑系张举毅教授对我多年的培养，是他领我一步一步踏入艺术的殿堂。每当我看着自己画室中那一幅幅不同时期的水彩画作品时，我就想起和他相处的那些年年月月。虽说我是晚辈，但我们却以朋友相待。教学之余，我们常在一起漫谈艺术，漫谈人生，也漫谈学府春秋……也正是因为他，使我感到艺术天地竟如此广阔。我要感谢省文联副主席、中国美术家协会水彩水粉画艺术委员会主任、省美术家协会名誉主席黄铁山先生，其人品和艺品都成为我长期学习的榜样。我要感谢湖南师范大学艺术学院朱辉教授和殷保康教授长期以来对我的艺术指导，使我在艺术探索的道路上少走了许多弯路。我还要感谢湖南工艺美术大学的郭光汉教授，是他给了我这个山里孩子艺术上的启蒙。

我要感谢我所有的博士与硕士研究生，这些年他们与我在建筑环境艺术和建筑美术的园地里一起耕耘，有不少日子我们是朝夕相处，共研学问。每每在外写生，我们的那种团结合作精神、那种不知疲倦的干劲、那种互相学习的态度，恐怕在其他任何场合都是难以体验的。作为导师，我十分珍惜与他们这段难忘的情谊。在这本书的出版过程中，是他们给了我大量的无私帮助。尤其是为本书的文字整理与编排做了大量工作。我不会忘记杨志华、沈竹、周恒为书稿装帧精心设计，不会忘记刘霏霏、李琼、李婷婷连夜对书稿英文处进行文字翻译，不会忘记谢珊、陈晓玉、周曦、逯丽、黄雪竹、林洨沣、周姣、陈超、刘仕瑶、彭芳、宋雨宁等为此书校对、打印、整理与献策所付出的一切。在此一并致以感谢。

我要感谢中国建筑工业出版社的同志，他们十分重视此书的出版，尤其是陈桦女士在编辑工作中对本书提出了许多具体修改意见，使本书更臻完善。

我要感谢所有支持和关心我工作的朋友、同事，在此向他们表示崇高的敬意。

本书所叙述的大都是个人的粗浅认识，愿以本书求教于画界同行和广大读者。

陈飞虎

2010 年 12 月 31 日于湖南大学建筑学院第 12 次修订此书定稿